高光谱技术在京津风沙源治理工程监测中应用的研究

龙　晶　张煜星　黄国胜　主编

中国林业出版社

图书在版编目（CIP）数据

高光谱技术在京津风沙源治理工程监测中应用的研究/龙晶，张煜星，黄国胜主编.
—北京：中国林业出版社，2013.4

ISBN 978-7-5038-6987-7

Ⅰ．①高⋯　Ⅱ．①龙⋯　②张⋯　③黄⋯　Ⅲ．①光谱分辨率－光学遥感－应用
－风沙来源－治理－华北地区　Ⅳ．①P942.207.3-39

中国版本图书馆 CIP 数据核字（2013）第 052439 号

出　版	中国林业出版社（100009　北京西城区刘海胡同 7 号）
	网　址　http://lycb.forestry.gov.cn
	E-mail　forestbook@163.com　电话　010－83228353
发　行	中国林业出版社
印　刷	北京北林印刷厂
版　次	2013 年 4 月第 1 版
印　次	2013 年 4 月第 1 次
开　本	185mm×260mm
印　张	5
字　数	92 千字
定　价	60.00 元

《高光谱技术在京津风沙源治理工程监测中应用的研究》

编委会名单

主　编：龙　晶　　张煜星　　黄国胜

编　委：李　锋　　党永锋　　王六如　　徐茂松

　　　　魏建祥　　郑冬梅　　王君厚　　韩爱惠

　　　　程志楚　　杨学云　　蒲　莹　　陈新云

前　言

　　京津风沙源治理工程（原名为"环北京地区防沙治沙工程"）作为国家"十五"重点工程于 2001 年全面启动。该工程共涉及北京、天津、河北、山西、内蒙古 5 省（自治区、直辖市）的 75 个县（旗），总面积 45.8 万 km²。

　　国家林业局作为主管部门，为能及时、准确地掌握工程区沙化土地的现状和动态变化、工程的进展及质量、工程的生态效益等情况，提出了改进监测方法、提高监测效率的要求。

　　现行的沙化土地监测方法是以地面调查为主，结合采用 TM 图像目视判读和GPS 技术，监测周期为 5 年。这种监测体系投资大、周期长，满足不了工程监测的需要，也不适应全国防沙治沙新形势的要求。因此，应用新型对地观测技术，建立一个高技术含量、短运行周期的监测体系，并使之实用化，既是实施京津风沙源治理工程的急需，也是全国沙化土地及荒漠化土地监测工作的需要。

　　高光谱技术是在多光谱技术的基础上发展起来的，它的光谱分辨率在 $10\sim2\mu m$，以数十至数百个波段对地物成像，所获得的图像包含了丰富的空间、辐射和光谱三重信息，由于可以获取地物的连续光谱和辐射信息，我们可以根据地物的物理性质，直接识别地物类型，并进行定量分析。

　　本课题旨在引入高光谱技术，配合使用星载的中分辨率光谱仪 MODIS 数据和陆地卫星 TM 数据，探索对工程进行短周期动态监测及效益评价的新方法，为工程实施提供有效支持。

　　课题得到了国家高科技发展计划（863 计划）信息获取与处理主题的重视和支持，被列为 2001 年第一批重点课题给予资助。在国家林业局调查规划设计院的扶持下，经过 4 年多的研究，取得了令人鼓舞的成果。在植被光谱特征分析，及植被因子定量反演等方面取得新进展，发现了过去植被遥感研究中存在的误区，并提出了植被信息提取的新方法。研究表明，高光谱技术应用于沙化土地监测和防沙治沙效益评价，可充分发挥其技术优势。它既可取代大部分地面调查，又可作为地面调查和卫星遥感间的桥梁，在遥感定量分析中起到不可替代的作用，从而可与其他航天遥感数据配合使用构成一个技术含量高、运行周期短的多阶抽样调查监测技术体系。

本书由该课题研究成果整理而成。首先要感谢国家高科技发展计划（863 计划）信息获取与处理主题办公室和专家组的领导、专家为课题实施给予的支持和指导。还要感谢国家林业局调查规划设计院监测二处和荒漠化监测处为课题研究所做的努力与付出。在课题的外业调查及生物量取样分析过程中还得到了内蒙古自治区第二林业勘察设计院和河北张家口市林业调查规划设计院的大力支持和帮助，在此深表谢意。

由于课题研究难度大，涉及面广，有些认识还比较初浅，水平所限，书中不足之处在所难免，敬请批评指正。

编　者

2012 年 10 月

目　　录

第 1 章
总体研究方案

1.1　研究目标

本课题的总体研究目标为：

（1）通过星载、机载、地面调查三种数据集成分析，对京津风沙源治理工程做出客观的动态变化及效益评价，并对进一步治理提出合理建议。

（2）实现对工程的短周期低成本监测，提高监测的时效性。

（3）建立基于遥感的防沙治沙工程效益评价指标体系。

（4）通过本项目的示范，促进新型对地观测技术在全国荒漠化、沙化土地监测中的推广应用。

1.2　研究方案的总体设计

1.2.1　资料的获取

本课题研究区范围是京津风沙源治理工程的整个实施区域，面积较大。涉及的资料分四个层次：

（1）MODIS 数据。搜集了 2002 年 1 月至 2003 年 9 月覆盖全区的按月合成的 MODIS 数据，用于时间序列及动态分析。

（2）ETM 数据。获得 2001 年的全区 38 景 ETM 数据。用于土地利用及沙化土地类型的计算机自动分类。

（3）高光谱数据。研究中使用的是 2000 年飞行获取的 OMIS-I 高光谱数据。用于沙化土地评价因子的信息提取及定量分析。

（4）以往的地面调查数据。

1.2.2　地面调查设计

地面调查分为两大部分：

（1）为 TM 数据的计算机分类选择训练区：在整个工程区范围内，以沙化土地类型为主兼顾其他土地利用类型，在植被生长季节，参照 TM 图像选择野外调查路线进行地面调查。

（2）沙化土地评价因子的地面调查及测量：在高光谱图像覆盖区域范围内，根据图像特征，分不同类型设置样地，进行各种因子的实地测量。

1.2.3 图像处理与信息提取

图像处理工作是在 PCI 和 ENVI 两个图像处理软件支持下进行的，主要工作程序为：

（1）连续获取项目执行期间监测区的 MODIS 图像，通过几何及辐射精校正，增强处理，不同时期图像的匹配处理，归一化植被指数计算和分析等，提取沙化土地及防沙治沙效益的动态信息和面上连续观测资料。

（2）对监测区的 ETM 数据，进行计算机自动分类，获取较为详细的监测资料，作为本底。

（3）对高光谱数据进行处理分析，选择最佳波段，开发相应的信息提取算法，进行植被盖度和生物量的定量反演，以获取更详细、更精确的信息，代替大部分的地面调查。

（4）进行 TM 与高光谱数据间的信息相关分析，实现两者间的尺度转换以进行更大区域的定量信息提取。

1.2.4 GIS 数据的获取与处理

基础信息来源于国家基础地理信息中心提供的 1∶250000 数据和地面调查的结果。

1.2.4.1 基础数据的处理

（1）提取覆盖研究区域的 1∶250000 数据，内容包括行政界线、公路、铁路、河流、湖泊（水库）、居民地等。

（2）数据合并、整理，有用信息的提取。

（3）数据的空间分析，主要有：研究区域信息的提取、叠加。

（4）根据属性信息进行数据的分类、整饰。

（5）数据层的叠加。

1.2.4.2 专题数据的处理

专题数据来源于相关资料的收集与地面调查的结果。

（1）专题数据的收集整理。相关资料与地面调查的结果多以书面记录形式为主，数据必须经录入后方可使用。

（2）专题数据的矢量化。

（3）矢量数据的整理，信息的提取。

（4）数据的空间分析。

（5）空间数据的分类、整饰。

（6）数据层的叠加。

1.2.4.3　信息的输出

经过以上数据的处理、分析、整饰，最后输出以下图件：

（1）京津风沙源治理工程区行政区划图（图1-1）。

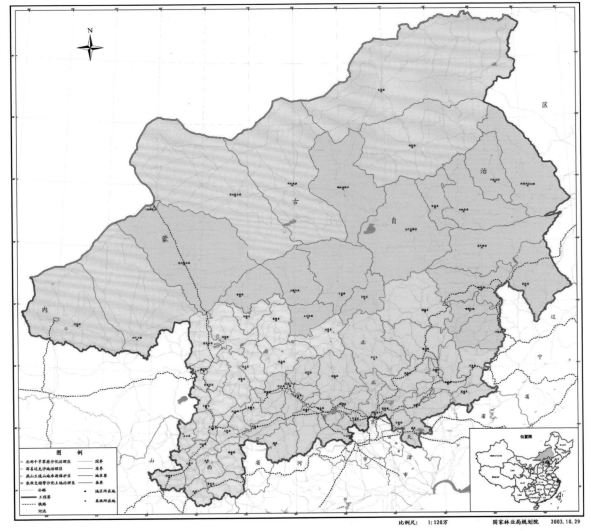

比例尺：1:120万　　　国家林业局规划院　2003.10.29

图 1-1　京津风沙源治理工程区行政区划图

（2）京津风沙源治理工程区土地利用现状图（图 1-2）。

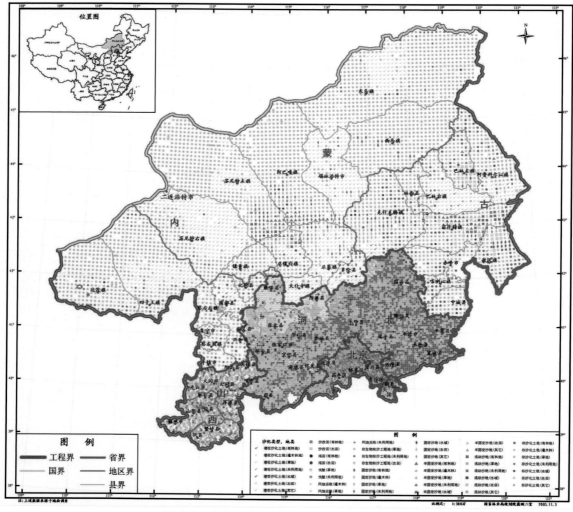

图 1-2　京津风沙源治理工程区土地利用现状图

第 **2** 章
研究区概况

2.1 自然地理概况

2.1.1 工程范围

工程建设区西起内蒙古的达茂旗，东至河北的平泉县，南起山西的代县，北至内蒙古的东乌珠穆沁旗，地理坐标为东经 109°30′~119°20′，北纬 38°50′~46°40′。范围涉及北京、天津、河北、山西及内蒙古等五省（自治区、直辖市）的 75 个县（旗、市、区），总国土面积为 45.8 万 km^2。

根据京津风沙源地区气候、地貌、植被、土地沙化等特点和对应的治理措施的不同，将整个治理区划分为四个治理类型（详见表 2-1 及图 1-2），即北部干旱草原沙化治理区、浑善达克沙地治理区、农牧交错带沙化土地治理区和燕山丘陵山地水源保护区。

2.1.2 地形地貌

工程区地貌由平原、山地、高原三大部分组成。京津市区为海河平原的一部分，其西部、西北、北部被太行山北端、燕山山地西部环绕，山地外侧为内蒙古高原中部。其东部浑善达克沙地是锡林郭勒高平原的重要组成部分，沙漠化土地广布；西部乌兰察布高原由阴山北麓的丘陵、地势平缓的凹陷地带及横贯东西的石质丘陵隆起带组成，境内多为干河床或古河道，无常年流水的河流。内蒙古高原中部从整体地势上看，呈由西向东逐渐倾斜下降的趋势。燕山山地和太行山地形起伏较大，最低处海拔仅几十米，最高处的雾灵山海拔 2116m。

2.1.3 气候

工程区气候区划颇为复杂，由南向北，由东向西包含暖温带半湿润大区，温带半湿润大区、温带半干旱大区、温带干旱大区、温带极干旱大区 2 个气候带 5

表 2-1　京津风沙源治理工程分区范围表

建设区	县(旗、市、区)		县(旗、市、区)名称
合计		75	
一、北部干旱草原沙化治理区	内蒙古	7	四子王旗、达茂旗、西乌珠穆沁旗、阿巴嘎旗、苏尼特左旗、二连浩特市、东乌珠穆沁旗
二、浑善达克沙地治理区	内蒙古	17	多伦县、正蓝旗、苏尼特右旗、正镶白旗、克什克腾旗、巴林右旗、锡林浩特市、宁城县、喀喇沁旗、镶黄旗、敖汉旗、翁牛特旗、巴林左旗、太仆寺旗、阿鲁科尔沁旗、松山区、林西县
三、农牧交错带沙化土地治理区	内蒙古	7	察右前旗、察右后旗、化德县、商都县、兴和县、丰镇市、集宁市
	山西	13	天镇县、阳高县、大同县、大同市南郊区、新荣区、朔城区、浑源县、左云县、怀仁县、应县、山阴县、代县、繁峙(含五台山林业局、杨树局)
	河北	4	沽源县、康保县、尚义县、张北县
四、燕山丘陵山地水源保护区	河北	20	宣化县、怀安县、怀来县、涿鹿县、阳原县、蔚县、承德县、丰宁县、围场县、滦平县、隆化县、平泉县、宽城县、崇礼县、万全县、赤城县、张家口市郊区、下花园区、宣化区、兴隆县
	天津	1	蓟县
	北京	6	门头沟区、怀柔区、密云县、延庆县、平谷区、昌平区

个气候大区。工程区年平均气温 7.5℃，但差异较大，内蒙古高原的阿巴嘎旗为 0.6℃，平原区的天津、北京分别为 11.5℃和 12℃。生长期平均 145 天，内蒙古的鄂尔多斯高原仅 90 天，位于海河平原的天津为 217 天。年降水量与经度关系密切，平均为 459.5mm，东部平原地区的北京为 595mm，天津为 536mm。全年降水量分布不均，雨季降水量为 297.7mm，占全年的 65%。年蒸发量平均为 2110mm，为降水量的 4.9 倍。工程区平均全年大风日数为 36.2 天，内蒙古高原大风日数 57天，以锡林郭勒高平原和乌兰察布高平原为最高，达 80 天以上，而且大风日数的 70%出现在春季。

总体说来工程区气候干旱，热量偏低，多风。由于工程区地貌单元复杂，不同区域气候特点差异颇大。内蒙古高原地处中纬度内陆和接近内陆的地区，气候具有明显温带大陆性气候特点，冬季受蒙古高压气团的控制，寒潮频繁发生，年平均气温由东向西逐渐增加，而降水量由东向西逐渐减少，具有明显的干旱、半干旱气候特征，且多大风和沙尘暴天气，是京津地区风沙的主要来源，亦是生态治理的重点地区。燕山山地坡度大，地形雨较多，地表径流大，易造成水土流失。

2.1.4 土壤

工程区的土壤在错综复杂的自然条件综合作用下，显示出种类繁多的复杂性。内蒙古高原地带性土壤以温带、暖温带条件下形成的黑钙土、栗钙土、棕钙土为主，栗钙土的分布占有绝对优势；燕山山地以石灰土、石质土为主。

2.1.5 水资源

工程区水系分为内流和外流两大区系，以坝头为界，坝西为内流区，坝东和坝下属外流区。主要内流河有安固里河、大清沟；外流河有永定河、滦河、潮白河和辽河。工程区水资源总量 229.16 亿 m³，其中地表水 132.93 亿 m³，地下水资源量 132.77 亿 m³，地下水可开采资源量 59.18 亿 m³。

内蒙古干旱草原和浑善达克沙地地下水资源较丰富，埋藏浅，一般机井、民井的单位涌水量大于 5 m³/(h·m)。河北省承德地区地表水较为丰富，但 70%为过境水。张家口市坝上地区可用水资源总量 3.2 亿 m³，其中地表水 1.2 亿 m³、地下水 1.99 亿 m³；坝下可利用水资源总量 14.32 亿 m³，其中地表水 9.62 亿 m³、地下水 5.7 亿 m³。山西省的工程县属于水资源缺乏区域，境内可供开采的水资源十分有限。北京市区可供水资源量多年平均为 41.33 亿 m³（包括入境水量），其中地表水 15 亿 m³，地下水 26.33 亿 m³；北京山区平水年(p=50%)可供水资源量为 4.3 亿 m³，其中地表水 2.3 亿 m³，地下水 2 亿 m³。

2.1.6 植被

燕山山地及太行山北部山地的天然植被以温带、暖温带落叶阔叶林为主，主要建群种有辽东栎、蒙古栎、槲栎、麻栎、栓皮栎等落叶栎类，白桦、山杨、榆树等小叶落叶树种，但现存植被多为次生杨桦林及荆条、胡枝子、山杏等落叶灌丛；人工林以油松为主，高海拔地带以落叶松为主。内蒙古高原天然植被以灌草植被为主，大针茅、克氏针茅和党花针茅为主要类型，旱生小半灌木冷蒿所建群的草原群系也较为常见；人工植被以阔叶乔木和旱生灌木为主，所占比例甚小，且分布不均。人工植被的分布数量东部明显多于西部，天然植被和人工植被的质量东部优于西部，南部高于北部，质量和数量均呈由东向西，由南向北的下降趋势，与降雨量的分布相吻合。

2.2　社会经济状况

2.2.1　人口及组成

工程区总人口 1957.7 万人，其中农牧业人口 1622.2 万人，占总人口的 82.9%，贫困人口 440 万人，占总人口的 22.5%。河北省工程区内贫困人口数量占其总人口数量的比例最大，为 38.5%。

工程区内北京、天津、山西三省（直辖市）汉族人口占总人口的 95% 以上；内蒙古、河北以汉族为主，蒙古族、满族等少数民族人口占有一定比例，内蒙古自治区蒙古族人口占总人口的 13.9%，其中西乌珠穆沁旗等 4 个旗蒙古族人口占总人口比例 50% 以上；河北汉族人口占总人口比例 85% 以上，其中丰宁等 5 个县满族人口占总人口的 40%~65%。

2.2.2　经济状况

工程区内国民生产总值 911.8 亿元，农业总产值 259.6 亿元，农民年均收入 2490.1 元，贫困人口年均收入 667.0 元。

2.3　现有土地利用状况

2.3.1　土地资源

工程区土地总面积 4542.19 万 hm^2，其中林业用地 1157.83 万 hm^2，占总面积的 25.3%；耕地 437.23 万 hm^2，占总面积的 9.5%；草场 2663.20 万万 hm^2，占 58.1%；其他用地 323.94 万 hm^2，占 7.1%。在土地总面积中沙化土地面积为 1018.37 万 hm^2，其中可以治理的面积为 1011.69 万 hm^2，占沙化面积的 99.3%。

2.3.2　土地利用现状

2.3.2.1　林业用地利用现状

工程区内林业用地面积 1157.83 万 hm^2，其中有林地面积 399.65 万 hm^2，占 34.5%；疏林地面积 22.39 万 hm^2，占 1.9%；灌木林地面积 149.7 万 hm^2，占 12.9%；未成林造林地面积 52.26 万 hm^2，占 4.5%；苗圃地 1.2 万 hm^2，占 0.1%，无林地面积 532.62 万 hm^2，占 46.0%，其中宜林地面积 525.23 万 hm^2，占无林地的 98.6%。

2.3.2.2　耕地利用现状

工程区耕地面积 437.23 万 hm^2，其中需要退耕的面积为 134.17 万 hm^2，占耕地总面积的 30.7%。

2.3.2.3　草场利用现状

工程区内草场面积 39947.98 万亩。现存栏大小畜 2950.59 万头（只），其中大畜 555.69 万头，占 18.8%，小畜 2394.90 万头。畜牧业主要分布于内蒙古自治区，大小牲畜的 63%分布于该区。区内每公顷载畜量平均 5.03 羊单位。

除内蒙古北部干旱草原沙化治理区载畜量为 0.83 羊单位外，内蒙古的农牧交错带沙化土地治理区每公顷载畜量 5.41 羊单位，即使植被极其稀少的浑善达克沙地每公顷载畜量也有 2.95 羊单位，河北的燕山丘陵山地水源保护区载畜量为 6.12 羊单位，河北的张北高原最高，与现存植被相比，建设区各处均存在牲畜严重超载现象，牲畜超载进一步加剧了植被的逆行演替，加速了土地沙化。

2.4　水资源利用状况

工程区水资源总量（地表水、地下水）229.16 亿 m³，人均水量 3785.8m³，耕地平均水量 6.1 万 m³/hm²；地表水年径流量 132.93 亿 m³，蓄引水工程 74424 处，开发利用地表水 28.22 亿 m³，占地表水资源量的 21.2%；地下水资源量 132.76 亿 m³，地下水资源可开采量 59.18 亿 m³，打机井、基本井、土筒井 28.64 万眼，开发利用地下水资源 38.00 亿 m³，占地下水资源量的 28.6%；水资源开发利用总量 78.62 亿 m³，占水资源总量的 34.3%。工程区水资源开发利用分布不均匀，一些区域的水资源还有开发利用的潜力。

内蒙古自治区干旱草原区、浑善达克沙地地下水位较高，开发利用程度相对较低。河北省承德市和张家口的坝上、坝下地区地下水严重超采，补给不足；地表水承德市较为丰富，但利用率低，张家口市利用率已达 56%，有待进一步拦蓄。山西省项目区属于水资源缺乏区域，境内可供开采的水资源十分有限，因此，在水源工程的开发上主要是以拦蓄天然降水为主。北京市境内大中小型水库、水闸、塘坝、扬水站、机井很多，地表水开发程度较高，地下水目前已处于严重超采状态。

第3章
沙化土地评价指标体系

沙化土地评价指标本着科学性、实用性、系统性的原则，选取既能反映各种沙化土地的真实程度，又便于遥感信息，特别是高光谱信息的提取。

3.1 沙化土地类型划分

沙化土地划分为以下六个类型：

（1）**流动沙地 (丘)**。指植被盖度小于10%、地表沙物质常处于流动状态的沙地或沙丘。

（2）**半固定沙地 (丘)**。指植被盖度10%~29% (草本、灌木植被盖度<30%，或乔木郁闭度<50%) 之间，且分布比较均匀，风沙流活动受阻，但流沙纹理仍普遍存在的沙丘或沙地。

①人工半固定沙地。通过人工措施形成植被的半固定沙地。

②天然半固定沙地。植被起源为天然的半固定沙地。

（3）**固定沙地 (丘)**。指植被盖度≥30% (草本、灌木植被盖度≥30%，或乔木郁闭度≥50%)，风沙活动不明显，地表稳定或基本稳定的沙丘或沙地。

①人工固定沙地。通过人工措施形成植被的固定沙地。

②天然固定沙地。植被起源为天然的固定沙地。

（4）**沙化耕地**。没有防护措施及灌溉条件，经常受风沙危害，作物产量低而不稳的耕地。

（5）**风蚀劣地**。指由于风蚀作用形成的雅丹、土林、白磐墩和粗化土地等风蚀地。

（6）**有明显沙化趋势的土地**。指土壤质地为砂质，有星点状流沙出露或疹状灌丛沙堆分布，有沙化倾向，能就地起沙的土地。

3.2　沙化程度分级

沙化程度分为五个等级:

（1）**微度：**植被盖度≥70%的沙化土地，或作物生长较好、基本不缺苗的沙化耕地。

（2）**轻度：**植被盖度 50%~69%，基本无风沙流活动的沙化土地，或一般年景作物能正常生长、缺苗较少（一般少于 30%）的沙化耕地。

（3）**中度：**植被盖度 30%~49%，风沙活动不明显的沙化土地，或作物长势不旺、缺苗较多（一般 30%~60%）且分布不均的沙化耕地。

（4）**重度：**植被盖度 10%~29%，风沙活动明显或流沙纹理明显可见的沙化土地或植被盖度≥10%的风蚀劣地，或作物生长很差，缺苗率>60%的沙化耕地。

（5）**极重度：**植被盖度<10%的沙化土地或植被盖度<10%的风蚀劣地。

第 **4** 章
高光谱数据的获取与地面调查

4.1 高光谱数据获取

研究中使用的高光谱数据是 2000 年 6 月为"高光谱分辨率成像光谱仪系统在荒漠化监测中应用的研究"课题专门飞行获取的 OMIS–I 数据，共有 128 个波段。其中：

0.4~1.1μ， 波段数 64， 光谱分辨率 10nm；

1.06~1.70μ， 波段数 16， 光谱分辨率 40nm；

2.0~2.5μ， 波段数 32， 光谱分辨率 15nm；

3.0~5.0μ， 波段数 8， 光谱分辨率 250nm；

8.0~12.5μ， 波段数 8， 光谱分辨率 500nm。

各波段的标定中心波长见表 4–1。

本课题研究工作是在 2000 年课题的基础上展开的，上次研究已对数据进行了全面的质量评价，通过均值与标准差、信噪比、相关性等分析，结合目视评价，选取出 40 个波段用于本次研究（见表 4–2）。

4.2 试验区概况

京津风沙源治理工程区高光谱研究区域位于内蒙古自治区赤峰市中东部的阿鲁科尔沁旗和翁牛特旗的交界地带，地处东经 120°~121°，北纬 43°~44°之间，涉及面积约 3000km²，主要包括阿鲁科尔沁旗的南部和翁牛特旗的东北部。

该区域为典型的农牧交错区，是科尔沁草原的组成部分。沿河流为河谷平川，以灌溉农业为主，土壤肥沃，农业生产发达，其他地区为严重退化和沙化的科尔沁草地，退化草地与沙化土地相间分布。

表 4 - 1　OMIS - I 各波段中心波长情况

波段号	通　道	中心波长（nm）	波段号	通　道	中心波长（nm）	波段号	通　道	中心波长（nm）
1	vis/nir - 01	455.7	29	vis/nir - 29	789.2	57	vis/nir - 57	1046.1
2	vis/nir - 02	465.0	30	vis/nir - 30	799.9	58	vis/nir - 58	1052.8
3	vis/nir - 03	477.3	31	vis/nir - 31	810.6	59	vis/nir - 59	1059.7
4	vis/nir - 04	489.9	32	vis/nir - 32	821.1	60	vis/nir - 60	1066.7
5	vis/nir - 05	502.8	33	vis/nir - 33	833.0	61	vis/nir - 61	1073.4
6	vis/nir - 06	515.3	34	vis/nir - 34	843.5	62	vis/nir - 62	1079.9
7	vis/nir - 07	527.7	35	vis/nir - 35	853.7	63	vis/nir - 63	1086.3
8	vis/nir - 08	540.5	36	vis/nir - 36	863.9	64	vis/nir - 64	1092.1
9	vis/nir - 09	553.1	37	vis/nir - 37	874.0	65	sw2 - 01	1941.1
10	vis/nir - 10	565.4	38	vis/nir - 38	883.9	66	sw2 - 02	1961.8
11	vis/nir - 11	577.7	39	vis/nir - 39	893.7	67	sw2 - 03	1981.5
12	vis/nir - 12	590.0	40	vis/nir - 40	903.1	68	sw2 - 04	2001.1
13	vis/nir - 13	602.5	41	vis/nir - 41	912.6	69	sw2 - 05	2020.7
14	vis/nir - 14	614.5	42	vis/nir - 42	922.0	70	sw2 - 06	2039.9
15	vis/nir - 15	626.5	43	vis/nir - 43	931.1	71	sw2 - 07	2059.1
16	vis/nir - 16	638.3	44	vis/nir - 44	940.2	72	sw2 - 08	2078.2
17	vis/nir - 17	652.0	45	vis/nir - 45	949.2	73	sw2 - 09	2097.4
18	vis/nir - 18	663.9	46	vis/nir - 46	958.1	74	sw2 - 10	2116.3
19	vis/nir - 19	675.8	47	vis/nir - 47	966.8	75	sw2 - 11	2134.5
20	vis/nir - 20	687.5	48	vis/nir - 48	975.1	76	sw2 - 12	2153.1
21	vis/nir - 21	699.2	49	vis/nir - 49	984.3	77	sw2 - 13	2171.6
22	vis/nir - 22	710.9	50	vis/nir - 50	993.4	78	sw2 - 14	2189.0
23	vis/nir - 23	722.5	51	vis/nir - 51	1000.4	79	sw2 - 15	2207.7
24	vis/nir - 24	733.9	52	vis/nir - 52	1008.4	80	sw2 - 16	2225.8
25	vis/nir - 25	745.0	53	vis/nir - 53	1016.3	81	sw2 - 17	2243.1
26	vis/nir - 26	756.0	54	vis/nir - 54	1023.9	82	sw2 - 18	2260.9
27	vis/nir - 27	767.1	55	vis/nir - 55	1031.4	83	sw2 - 19	2278.1
28	vis/nir - 28	778.1	56	vis/nir - 56	1038.4	84	sw2 - 20	2295.1

（续）

波段号	通 道	中心波长（nm）	波段号	通 道	中心波长（nm）	波段号	通 道	中心波长（nm）
85	sw2 - 21	2312.4	100	mir - 04	4039.0	115	sw1 - 03	1136.4
86	sw2 - 22	2328.9	101	mir - 05	4275.0	116	sw1 - 04	1175.8
87	sw2 - 23	2345.4	102	mir - 06	4534.0	117	sw1 - 05	1215.1
88	sw2 - 24	2361.6	103	mir - 07	4773.0	118	sw1 - 06	1255.2
89	sw2 - 25	2378.0	104	mir - 08	5021.0	119	sw1 - 07	1295.2
90	sw2 - 26	2394.1	105	TIR - 01	8082.9	120	sw1 - 08	1332.3
91	sw2 - 27	2410.3	106	TIR - 02	8727.1	121	sw1 - 09	1368.1
92	sw2 - 28	2426.1	107	TIR - 03	9236.7	122	sw1 - 10	1409.1
93	sw2 - 29	2441.1	108	TIR - 04	9791.7	123	sw1 - 11	1447.6
94	sw2 - 30	2456.5	109	TIR - 05	10439.8	124	sw1 - 12	1486.3
95	sw2 - 31	2471.8	110	TIR - 06	10926.0	125	sw1 - 13	1524.8
96	sw2 - 32	2486.4	111	TIR - 07	11483.6	126	sw1 - 14	1564.9
97	mir - 01	3310.5	112	TIR - 08	11981.1	127	sw1 - 15	1605.4
98	mir - 02	3568.0	113	sw1 - 01	1053.1	128	sw1 - 16	1642.4
99	mir - 03	3798.0	114	sw1 - 02	1097.0			

表 4 - 2 波段选取表

序号	波段	中心波长（nm）	序号	波段	中心波长（nm）	序号	波段	中心波长（nm）	序号	波段	中心波长（nm）
1	8	540.5	11	24	733.9	21	39	893.7	31	121	1368.1
2	10	565.4	12	25	745.0	22	47	966.8	32	122	1409.1
3	12	590.0	13	26	756.0	23	50	993.4	33	123	1447.6
4	15	626.5	14	27	767.1	24	53	1016.3	34	125	1524.8
5	18	663.9	15	28	778.1	25	56	1038.4	35	128	1642.4
6	19	675.8	16	29	789.2	26	57	1046.1	36	99	3798.0
7	20	687.5	17	30	799.9	27	58	1052.8	37	102	4534.0
8	21	699.2	18	33	833.0	28	113	1053.1	38	104	5021.0
9	22	710.9	19	35	853.7	29	115	1136.4	39	109	10439.8
10	23	722.5	20	37	874.0	30	118	1255.2	40	111	11483.6

该区的成土母质为第四纪残积物、冲积洪积物和风积物组成。主要土壤类型为沙质栗钙土和风沙土，并有少量草甸土与风沙土相间分布。这些土类基质以沙质为主，物理性松散，质地粗，结构差，易风蚀。但草甸土为非地带性土壤，养分含量高，植被生长好，多数伴有盐渍化。

该地区自然植被主要受气候和地貌的影响，植被类型大致可分为草甸草原植被、干草原植被、草甸植被、沙生植被及人工植被。由于草场严重退化和沙化，原生植物种类已不多见，干草原以锦鸡儿、差巴嘎蒿、隐子草、虎尾草、三芒草等为主；草甸草原以马莲、芦苇、碱蓬等为主；沙生植被以沙蒿、沙米、猪毛菜等为主；人工植被以杨树、柳树、沙柳、小叶锦鸡儿等为主。农作物主要有水稻、玉米、豆类等。该区气候特点是降水少，年平均只有 300mm 左右，且降水极不均匀，多集中在夏季；春季干旱多大风，6 级以上大风日数在 60~100 天，8 级以上大风日数 40~60 天。

4.3　地面调查设计

地面调查的目的，是通过对地面有关植被各项因子、土地利用和土壤各项因子的现地调查，进行地物参数的定量反演，为土地沙化评价、生态工程建设监控和质量评价的高光谱信息提取提供依据。

4.3.1　影像图制作

调查之前首先对高光谱数据进行相关的图像处理，几何精校正。选择相关波段与经几何精校正的 TM 图像匹配，制作了以高光谱图像条带为中心，以 TM 图像为外围背景的 1∶20000 影像图（图 4-1），并叠加公里格网，用作地面调查定位及选择地类时的参照。并根据影像图设计调查路线。

4.3.2　调查范围

调查范围在京津风沙源治理区科尔沁沙地高光谱成像范围内，即阿鲁科尔沁旗南部和翁牛特旗东北部。调查对象以沙化土地和工程治理为主，并尽可能兼顾主要土地利用类型和植被类型。

4.3.3　调查时间

调查时间为 2003 年 8 月 14 日至 21 日。

图 4-1　高光谱—TM 合成图像

注：图中三个斜条带区域是高光谱图像。

4.3.4　调查方法

调查方法是根据飞行设计的条带，选择野外调查线路和调查样地。调查样地以自然景观较为一致的地块为对象，每个地块设置 2~4 个样地，样地大小为：乔木林地 10m×10m，灌木林地为 5m×5m，半灌木林地为 2m×2m，草地为 1m×1m。野外调查利用 GPS 定位系统，确定样地位置。

4.3.5　调查内容

（1）**自然因子：**包括样地号、调查时间、样地面积、地理坐标、海拔、地形地貌、土地利用类型等。

（2）**沙化土地评价因子：**沙化类型、沙化程度、植被类型、植被总盖度、主要植物种、植被总生物量、土壤质地、土壤含水率

4.3.6　实测数据分析

（1）对地面样地采集的土样进行实验室烘干处理，计算出土壤的含水率。

（2）对地面样地采集的植物样本（地上部分）进行实验室烘干处理，计算出单位面积的生物量（干重）。

（3）将地面调查样地的信息输入计算机，制作电子版调查表格 (见附表)。根据 GPS 测定的地理坐标，制作点位图转入图像处理软件系统，叠加到图像上，根据样地信息分析地物的影像特征。

第 **5** 章
地表植被的光谱特征分析

植被是沙化土地评价的最主要因子，植被盖度及生物量的变化是沙化土地评价及工程效益评价的依据。由于其他遥感数据或空间分辨率不够，或光谱分辨率不高，使得定量分析难于取得突破。因此，植被信息提取及定量分析成为高光谱技术应用研究的重点和难点。

5.1 植被光谱的异常现象

对于搞遥感应用研究的人来说，最熟悉不过的就是植被的光谱特征了，植被光谱曲线模式已经定格在人们的头脑里。对红光波段吸收而对近红外波段强反射的光谱特征（如图 5-1）作为经典的植被光谱被广泛应用。利用这两个波段求得的植被指数至今都被用于植被信息提取及植被生长状况研究。虽然植被指数的计算方法很多，目前已发展到几十个，但计算方法无论怎么变化，都没有离开植被在红光区吸收在近红外区高反射的光谱特征模式。在各种资源卫星传感器的设计中，也都将近红外波段作为植被通道被重点采用。在人们的头脑中已形成这样一个概念，用红光和近红外波段数据计算出的植被指数直接反映地表植被生长状况，数值高表明植被生长状况好，植被盖度大，生物量高，即都是正相关。

然而本课题研究中，在进行地面调查数据与图像对比分析时，发现这样一种现象，有的植被并没表现出大家公认的植被光谱特征，甚至植被盖度很大的情况下植被指数却出现负值，在用近红外波段作为红通道的假彩色合成图像上不是红色，而是完全不同的暗绿色调 (如图 5-2)。过去遇到这种情况，由于没有详细的地面调查资料，往往推测为生长期的不同、土壤类型不一样或是土壤湿度大所造成的。

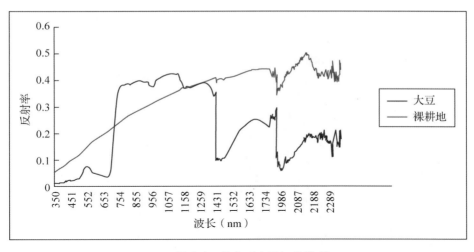

图 5-1　植物（大豆）光谱 [1]

A 点为典型植被

B 点为光谱特征异常的植被

A 点实地照片

B 点实地照片

图 5-2　OMIS-I 图像，采用 band25，band125，band20（红绿蓝）组合

为了分析原因，我们专门购买了 2000 年 6 月、2001 年 7 月、2002 年 9 月和 2003 年 5 月四个时相的 TM 数据，从比较结果看，这种植被在不同月份图像上色调没有变化（如图 5-3），这就否定了生长期不同的说法。

表 5-1 是图 5-2 中 A、B 两点的地面调查结果，从地面调查数据看，这种植被区的土壤含水量不但不高，反而偏低。土壤类型是风沙土，也与推测的结果不符。植被盖度和生物量都比较高，却反映不出植被的光谱特征。

这种植被对近红外波段不是强反射，而是吸收。这与沿用了三十多年的人们普遍认可的植被光谱特征是相悖的。虽然让人难以接受，但通过对其他样地测量数据对比分析，可以肯定这种情况既是客观存在，也不是个别现象。因此，要想搞清这个问题，我们必须摆脱传统观念的束缚。

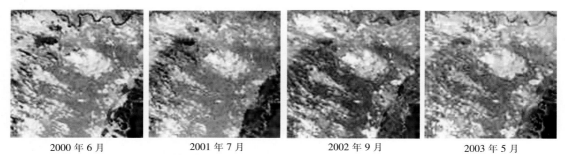

| 2000 年 6 月 | 2001 年 7 月 | 2002 年 9 月 | 2003 年 5 月 |

图 5-3 TM 图像，采用 TM453（红绿蓝）组合，中间部位的暗绿色为光谱特征异常的植被

表 5-1 地面样地调查结果　　　　　　　　　　　　调查时间：2003 年 8 月

样点号	植被盖度（%）	平均高度（cm）	生物量（鲜重）（g/m²）	土壤类型	土壤水分（%）	主要植物
A	90	15	400	草甸土	23.97	苔草、羊草、裂叶萎陵菜、车前子等
B	85	25	476	风沙土	0.98	三芒草、猪毛菜、蒺藜、麻黄等

5.2 植被光谱特征的新认识

自从 1972 年第一颗地球资源卫星发射成功，人们就开始了应用遥感技术进行区域性地球资源的调查和监测工作。地物光谱作为遥感的基础，甚至在资源卫星发射之前就开始了对它的研究。各领域的科研人员依据相关地物的光谱特征探讨信息提取方法，进行定量分析，从而实现对地球资源的宏观调查和监测。由于植被是地球的最表层资源，植被研究也就成为遥感应用的最活跃的领域之一。植被

的光谱研究似乎比较成熟, 植被光谱以对红波段吸收, 对近红外波段反射的独有特征被人们一致认可和采用。利用这两个波段数据计算植被指数用于区域植被分析。经过几十年的应用研究, 人们不断调整和改善着植被指数计算模型, 发展了很多算法, 但到目前为止还没有一个被普遍接受的计算方法。因为用植被指数分析植被盖度和生物量结果并不准确, 有些情况下还会得到相反的结果。其主要原因就是对植被光谱特征的认识存在着缺陷。

植物生长的物质基础来自光合作用合成的碳水化合物。光合作用是指绿色植物利用太阳能将二氧化碳和水转化为碳水化合物并放出氧气的过程, 可用以下公式表示:

$$CO_2 + H_2O \xrightarrow[\text{叶绿素}]{\text{光能}} [CH_2O] + O$$

这个过程需要三个条件, 即阳光、空气 (二氧化碳) 和水, 三个条件缺一不可。同一个地区, 光照条件相同, 二氧化碳的吸收又必须有水的参与, 因此水分条件就成了植物生长的关键。只有水分供应充足, 光合作用才能更充分进行。由于植被生长在不同的地貌部位, 环境条件各异, 水分供应并不均匀, 植被的光合作用差异很大。生长在不同条件区的植被, 自身也不断调整生理机能以适应环境。因此, 缺水条件下的植被在光照强的情况下, 为了保持水分而减少或停止光合作用, 甚至有些植物的某些能量转换在夜间进行 (如景天属植物)。遥感图像记录的是地物的瞬间光谱特征, 遥感数据的获取多在光照较强的时段, 因此从遥感的角度讲, 水分条件好, 光合作用强的植被光谱与过去认可的典型光谱特征一致; 而干旱条件下的植被光谱特征则截然不同。图 5-4 给出了用高光谱数据求得的两种植被的相对反射曲线, 从图上可以看出, 干旱草地对近红外波段是吸收的, 用近红外和红光两个波段求出的归一化植被指数很低。按过去植被信息提取方法, 这类植被是被忽略的, 造成误判。这是误区的一个方面。

与光合作用伴生的是植物的蒸腾作用, 蒸腾作用指水分以蒸汽形式从植物体表面散失的过程。植物吸收 CO_2 时, 由于 CO_2 气体不能通过细胞膜, 只有湿润细胞接触空气时, 溶于水的 CO_2 才能被吸收, 在此过程蒸腾是不可避免的。蒸腾作用不仅有利于 CO_2 的同化, 促进根系对水的吸收和矿物质元素在植物体内的运转, 还有一个对遥感来说很重要的意义就是给植物表面进行降温。因此, 光合作用强

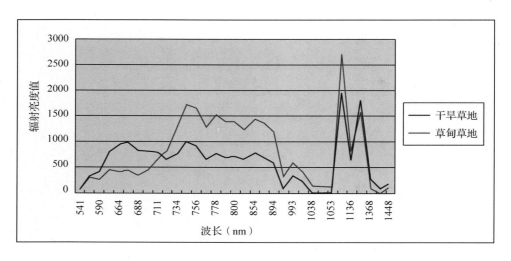

图5-4 不同类型植被的波谱特征

的植物，水分充足，蒸腾量大，植物冠层温度较低；干旱植物缺水，蒸腾量小，则冠层温度较高。图5-5是根据地面调查资料用高光谱数据模拟的两种草地太阳辐射波谱曲线，与蒸腾作用强的植被相比，干旱草地对近红外波段反射值较低，但在热红外几个波段的辐射值明显增高。图5-6给出干旱草地不同盖度情况下的波谱特征，可以看出，干旱草地热辐射较强，甚至高于裸露沙地。在第109波段（中心波长10439.8nm）植被盖度越大温度越高，显现出植被盖度与温度的正相关。虽然差值不是很大，但是对于植被信息提取非常重要。以往遥感植被研究中

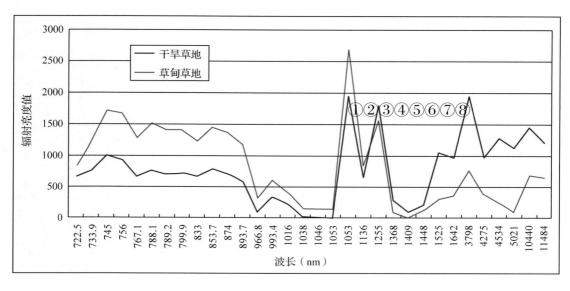

图5-5 水分条件不同的干旱草地和草甸草地太阳辐射波谱曲线

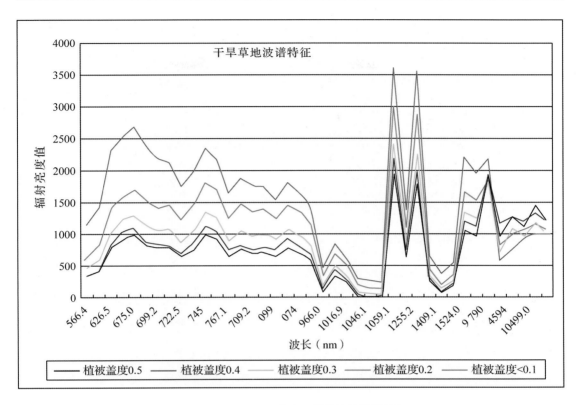

图 5-6　不同盖度干旱草地的波谱特征

没有涉及这一点，而是把温度低作为植被特征提取的参考信息。这是误区的另一个方面。

第 **6** 章
植被因子的信息提取及定量分析

6.1 植被信息提取方法

　　遥感信息提取是以光谱特征为基础的。植被的光谱特征比较复杂，信息提取不能用单一的方法进行。高光谱数据的应用为复杂信息的提取提供了非常有利的条件。根据前面分析的植被光谱特征，本次研究采用不同情况不同对待，分别提取最后综合的植被信息提取方法。提出了新的植被指数——长波植被指数（LVI）和综合植被指数（IVI）。新指数较好地反映了研究区植被生长状况，并运用综合植被指数进行定量分析，取得了比较理想的结果。植被指数提取的具体方法如下。

6.1.1 NDVI 的提取

　　选择红光波段和近红外波段计算归一化植被指数（NDVI），计算公式人们已经很熟悉：

$$\text{NDVI}= (Band_{nir} - Band_{red}) / (Band_{nir} + Band_{red}) \times 100$$

计算中选择的波段为 $Band_{20}$（687.5nm）和 $Band_{25}$（745nm）。

　　这一部分信息主要反映水分条件较好、光合作用较强的植被，如湿地植被、草甸草地、农业水浇地、部分林地等。在研究区这类植被只是一小部分，大多数还是干旱植被类型。干旱植被在 NDVI 中信息较微弱甚至没有体现（图 6-1 Ⅰ），而且植被盖度高时 NDVI 值并没有增加。如果只用 NDVI 来估计植被盖度和生物量，则与实际情况相差甚远。

6.1.2 LVI 的提取

　　由于用 NDVI 无法提取干旱植被信息，而研究区这种植被又占绝大部分。因此，如何将这部分信息提取出来，是本次研究的技术难点，也是植被定量分析能否进行的关键所在。从图 5-5 反映的干旱草地光谱特征看，这种植被与其他植被在光谱上的最大区别就是对热红外波段有较强的辐射，而对可见光波段反射较弱。根据这一特点，提出了用这两个区域特征波段求出反映干旱植被信息指数的设想。通过试验研究，最后选择植被辐射较强的热红外波段 ($Band_{fir}$) 和吸收较大的几个可见光波段求算出新的植被指数，由于采用了波长更长的热红外波段，将这个新指数称为长波植被指数 (LVI)。具体的计算方法如下：

首先对所用波段进行归一化处理，再求算 LVI：

$$LVI = \frac{Band_{fir} - (a_1 Band_1 + a_2 Band_2 + \cdots + a_n Band_n)}{Band_{fir} + (a_1 Band_1 + a_2 Band_2 + \cdots + a_n Band_n)} \times 100$$

式中 n 为波段数，a 为加权系数。

计算结果如图 6-1 II，这一部分信息代表光合作用较弱的干旱植被（主要是天然草地）的生长状况。从图可以看出，干旱植被信息得到较好的反映。但水分条件较好的植被在 LVI 信息中也较微弱甚至没有体现。

天然的草原植被并不是由单一物种组成，它是以群落状态生存的。因此，它的光谱特征是多种植物的综合反映结果，不同植物光合作用强弱不一样，综合起来具备两种特性，多数情况下包含 NDVI 和 LVI 两种信息。但有一个特点，NDVI 值高时，LVI 值就低；反过来，LVI 值高时 NDVI 值也低。单独哪种指数都不能全面反映草地植被特征，只有两者综合在一起才能真实反映植被生长状况。因此，这里提出一个新的概念——综合植被指数 (IVI)。

$$IVI = a \times NDVI + b \times LVI$$

式中 a、b 为调整系数，根据地面调查资料确定。

图 6-2 中的 I 为综合植被指数图，II 为原图像，两者比较可以看出，不同类型的植被情况在 IVI 图像中均能得到较好的反映。

6.2　植被生物量及盖度的定量反演

6.2.1　植被生物量的模型

基于导数光谱的理论分析模型，是对像素的光谱表达式进行求导，解出叶面积指数。叶面积指数的理论模型中，用归一化植被指数作为反映植被信息的因子。

从理论上讲，植被生物量与叶生物量和总生物量之比、特定叶面积指数相关。而这些参数又与植被类型有关。因此，理论上的生物量模型适用于单一类型的植

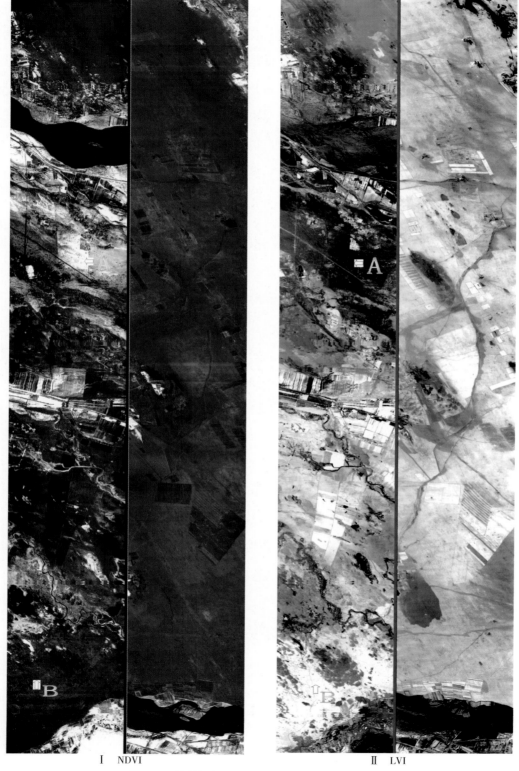

Ⅰ NDVI   Ⅱ LVI

图 6-1   植被指数图，A 点为草甸草地，B 点为干旱草地

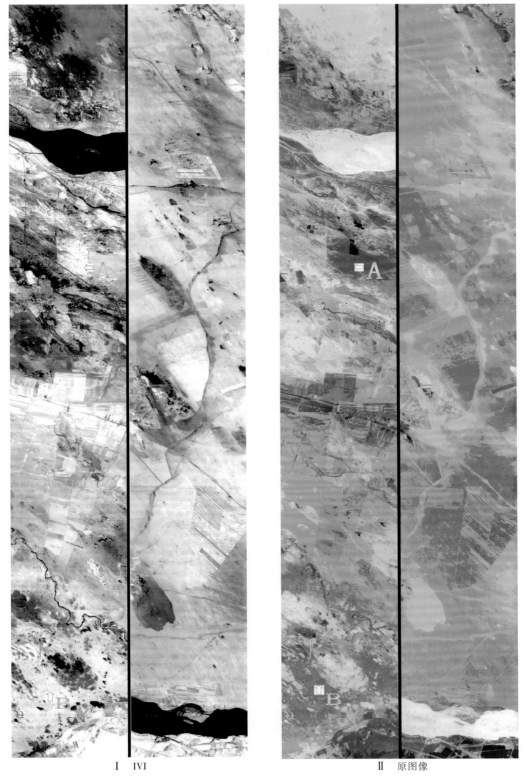

Ⅰ　IVI　　　　　　　　　　　Ⅱ　原图像

图 6-2　综合植被指数及原影像图，A 点为草甸草地，B 点为干旱草地

被，如农作物、人工草场等。天然草地植被类型较复杂，植被生长环境和生长机理差异较大，很难从理论上推导出合适的模型。本次研究用样地测量数据拟合了生物量与综合植被指数(IVI)之间的经验公式，如图6-3。多项式模型的精度高于线性模型，但差别不大。而线性模型适用范围更大一些，故采用拟合的线性模型对研究区的高光谱图像覆盖区域进行了植被生物量的反演，制作生物量反演图 (图6-4)。

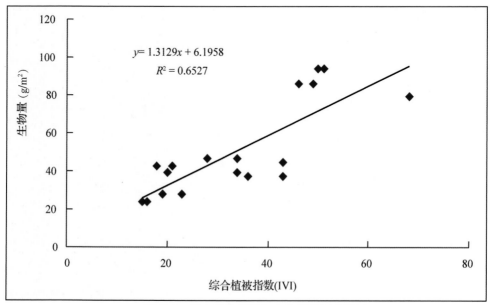

图 6-3　综合植被指数与生物量的经验模型

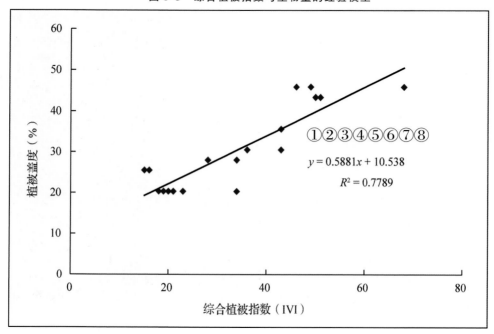

图 6-5　植被盖度与综合植被指数的经验拟合公式

6.2.2　植被盖度的估计

同样，用地面调查数据对综合植被指数与植被盖度之间的关系进行拟合，表现为线性相关。用线性模型（图 6–5）对研究区进行了植被盖度的反演（图 6–6）。

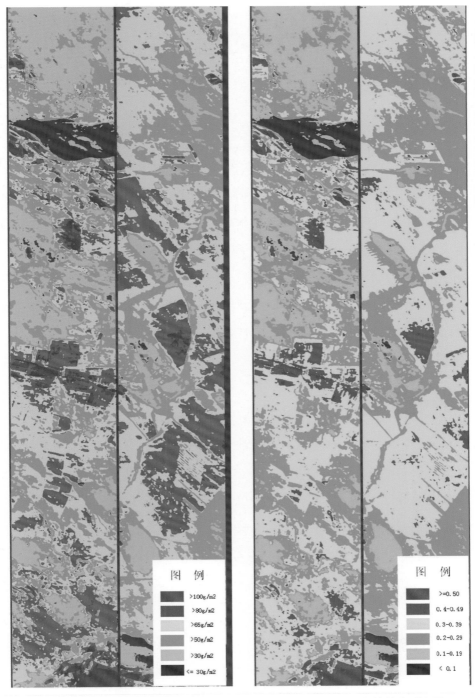

图 6–4　植被生物量反演图　　　　　　图 6–6　植被盖度反演图

第**7**章
沙化土地的遥感评价

7.1　评价方法

　　沙化土地评价是以植被量为评价标准的，沙化程度的划分标准就是植被盖度，生态效益也是根据植被盖度的变化、生物量的变化及各种植被面积的变化等指标来进行评价。因此，前面的定量反演结果已经给出了高光谱图像覆盖区域内每点的植被盖度和生物量，可以直接用来评价沙化程度及生态效益。

7.1.1　沙化程度分析

　　根据植被盖度反演结果，用前面章节给出的沙化土地评价标准，对植被盖度图进行等级划分，得到沙化土地评价图 (图 7-1)。

7.1.2　工程效益评价

　　京津风沙源治理工程生态效益评价是对工程实施后治理区生态环境的恢复情况进行评估，需要多时相遥感数据及相应地面调查数据的支持，本研究中只有一期的 OMIS-I 数据，目前无法进行评价。但是，通过以上的研究，评价的思路已经形成，方法上也可以实现。如果有两期的 OMIS-I 数据，我们就可以得到两期的生物量和植被盖度情况，通过计算很容易知道有多少面积生物量增加或减少了、变化的量是多少；植被盖度增加减少情况及变化量的分析。用 2000 年和 2002 年两期 TM 数据对比已经看到工程区环境恢复情况（图 7-2），是天然草场围栏封育的结果，但定量分析还有待于进一步研究。

7.2　区域评价

　　以上章节探讨了高光谱数据在沙化土地评价中应用的方法，实现了沙化土地评价因子的定量分析。然而，机载高光谱图像覆盖面积小，数据量大，只用高光

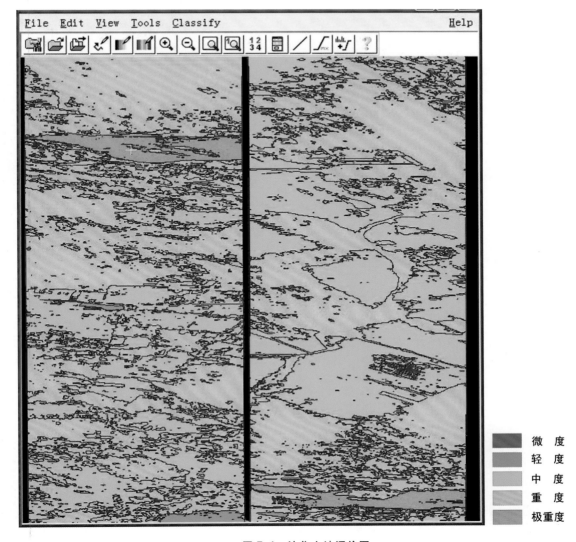

图 7-1 沙化土地评价图

谱数据无法进行大区域的评价。因此，将机载高光谱数据与卫星数据有机结合起来，挖掘高光谱数据应用潜力，发挥卫星数据的宏观优势，是实现区域评价和宏观监测的有效途径。

7.2.1 高光谱数据与 TM 数据间的信息转换及区域定量分析

为便于分析，我们购买了与高光谱数据获取时间相近的 TM 数据，将高光谱数据分析的思路引用到 TM 数据分析中，用相应波段求出综合植被指数 IVI。由于两种传感器对应的波段宽度不一样，计算的结果有一定的差异，通过对相同点匹配及相关分析，求出回归方程式：

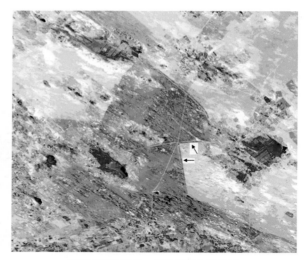

2000 年 TM 图像   2002 年 TM 图像，箭头所指为围栏区

实地照片：围栏内外的植被生长状况 (天然草地)

图 7-2   天然草场围栏封育效果

$$Y = 1.4782 X - 8.3463$$

用该公式将 TM 数据计算的 IVI 回归到 OMIS–I 数据计算的 IVI 标准，获得了全实验区的综合植被指数图，并用 OMIS–I 求导的模型反演出整个试验区的生物量 (图 7–3) 和植被盖度，再根据植被盖度反演结果，进行研究区沙化土地评价，评

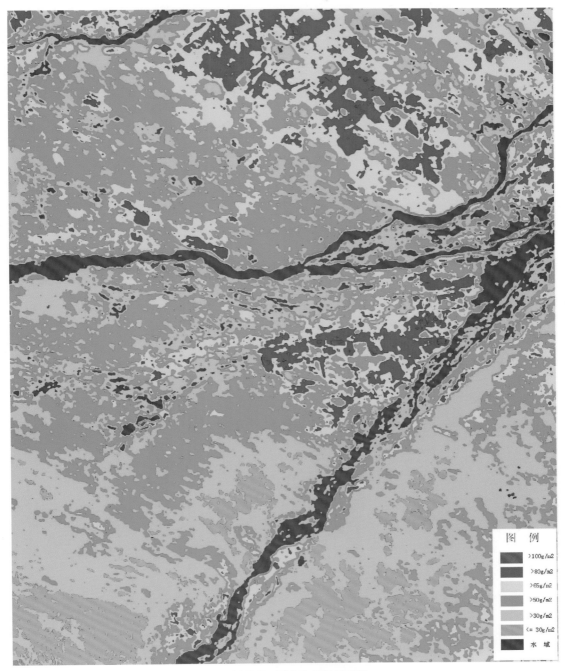

图 例

■	>100g/m2
■	>80g/m2
■	>65g/m2
■	>50g/m2
■	>30g/m2
■	<= 30g/m2
■	水 域

图 7–3 TM 生物量反演图

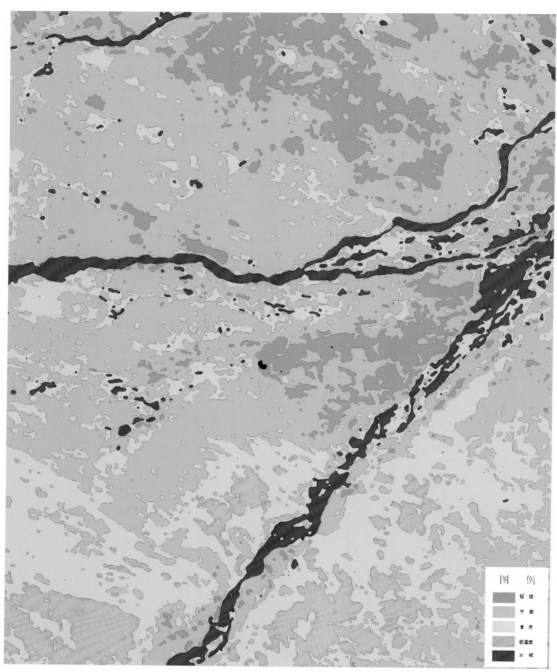

图 7-4 沙化土地评价图

价结果如图 7-4。结果与高光谱分析情况比较一致。这也进一步印证了新植被指数的应用效果及推广意义。

7.2.2 TM 数据与地面调查数据结合直接进行定量分析

根据前面机载高光谱数据应用研究成果，用于植被研究的重点波段，TM 资料中都具备，只是 TM 的波段宽一些。由于高光谱数据获取有很多限制因素，真正大范围推广应用较困难，而 TM 数据既具备相关波段又有较好的质量，能否直接与地面调查数据建立关系，用于沙化土地评价，应用效果如何，我们进行了相关研究。

7.2.2.1　数据的获取

由于 Landsat_7 出现问题，无法获得 ETM 数据，我们购置了一景 Landsat_5 的 TM 数据，成像时间为 2005 年 7 月 23 日。图像覆盖区域位于内蒙古自治区阿巴嘎旗和锡林浩特市境内，也是京津风沙源区域的较中央部位。

7.2.2.2　地面调查及调查数据分析

地面调查工作是在 2005 年 7 月 21 日至 8 月 4 日进行，与卫星数据获取时间同步。

调查样地以自然景观较为一致的地块为对象，样地大小为 0.5m×0.5m，用 GPS 确定样地位置。

调查包括自然因子、沙化土地评价因子、工程治理状况等方面近 30 项内容，填写调查表 (见附表)，采集土壤和植被样本，并对土壤样本进行实验室烘干处理，计算出土壤的含水率；对植物样本（地上部分）进行实验室烘干处理，计算出单位面积的生物量（干重）。

7.2.2.3　植被信息提取

植被信息提取是沙化土地评价的关键所在，用高光谱数据进行植被因子的定量分析已经成为可能，但 TM 图像分辨率较 OMIS–I 图像低很多，作为中等分辨率图像能否直接与地面数据结合进行定量分析，我们进行了尝试。

首先，将所有地面调查样地点叠加在 TM 图像上，根据影像特征，挑选出落在地表植被盖度较均匀、类型一致、面积较大地块中的样地，以保证这些样地在 TM 图像上的信息提取较为准确，有代表性。再用前面介绍的方法计算出 TM 图像的综合植被指数 (IVI)。

7.2.2.4　植被盖度的定量估计

用地面调查的植被盖度与综合植被指数进行拟合，取得经验公式，如图 7–5。

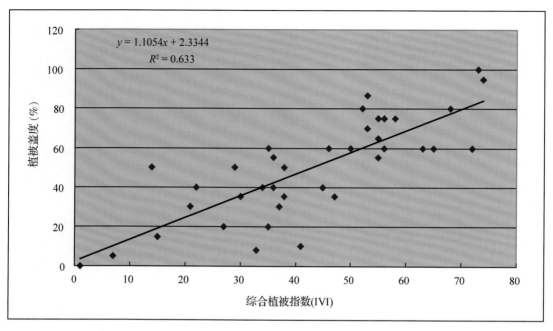

图 7-5 综合植被指数与植被盖度的拟合公式

采用拟合的模型对整个 TM 图像覆盖区域进行了植被盖度的反演。再根据沙化土地评价技术标准中的植被盖度指标，将植被盖度划分出以下 5 个等级：

等级编码	植被盖度	沙化程度
1	<10%	极重度
2	10%~29%	重　度
3	30%~49%	中　度
4	50%~69%	轻　度
5	≥70%	微　度

根据相应关系，制作了研究区沙化土地评价图（如图 7-6），评价结果与地面调查结果是吻合的。

7.2.2.5 生物量反演

同样用地面调查数据和综合植被指数求出拟合公式（图 7-7），对整个 TM 图像覆盖区域进行植被生物量的反演，反演结果如图 7-8，与原图像（图 7-9）比较可以看出，反演结果能将各种植被状况反映出来，与地面调查结果也是相吻合。

7.2.3 MODIS 与 TM 间的信息转换及沙化土地评价

为使分析结果更准确，更有说服力，我们挑选了一轨 2005 年 7 月 24 日获取的

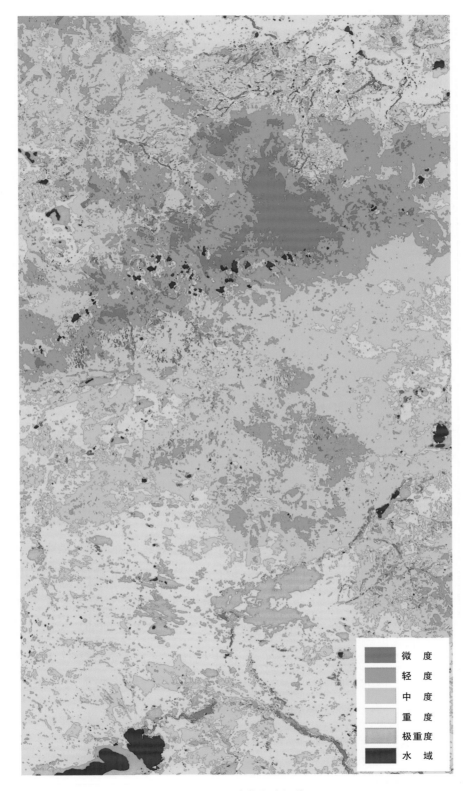

图 7-6 沙化程度评价

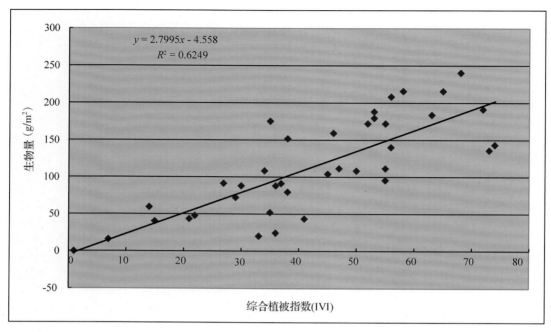

图 7-7　拟合公式图

MODIS 数据（与 TM 数据获取时间只差一天)，截取了包括 TM 图像覆盖范围的 272×230km² 面积的少云区域进行研究。图 7-10 给出的是 MODIS 影像图，采用 B2、B6、B1 (R，G，B) 组合，植被为绿色。图中红线条包围的区域是地面调查范围，在 720km² 面积内，共布设 140 个样地进行了调查；白线条包围的区域是 TM 研究区。

由于 MODIS 数据波段较多，涵盖了综合植被指数计算所需的波段，可以直接进行 IVI 提取。用前面介绍的方法提取了 MODIS 数据覆盖区域的 IVI，进一步在 MODIS 与 TM 数据间进行信息传递，实现尺度转换，进行定量分析。MODIS 的 IVI 与 TM 的 IVI 之间的关系如图 7-11，两者的相关系数很大。用该公式将 MODIS 数据计算的 IVI 回归到 TM 数据计算的 IVI 标准，并用 TM 求导的模型反演出整个研究区的生物量 (图 7-12) 和植被盖度，再根据植被盖度反演结果，进行研究区沙化土地评价，评价结果如图 7-13。结果非常理想，除受一些云的影响外，与 TM 分析情况相吻合。这一成果使我们对用低分辨率遥感图像进行宏观定量分析，实现真正意义上的动态监测增强了信心，具有实际生产意义。

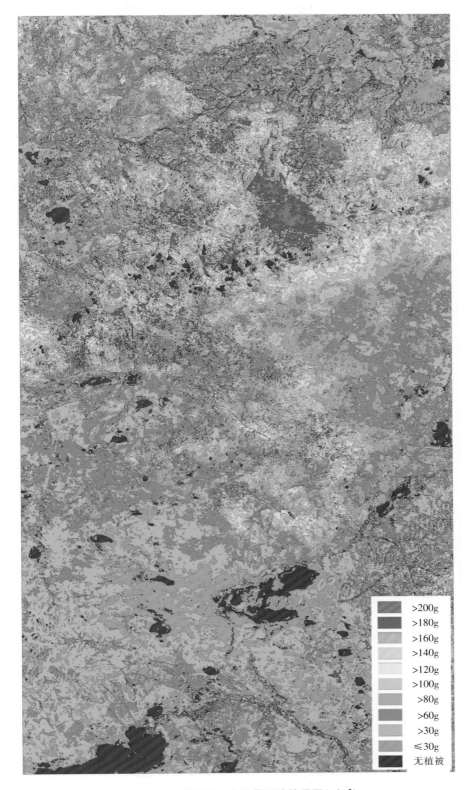

	>200g
	>180g
	>160g
	>140g
	>120g
	>100g
	>80g
	>60g
	>30g
	≤30g
	无植被

图 7-8　生物量反演结果图（g/m²）

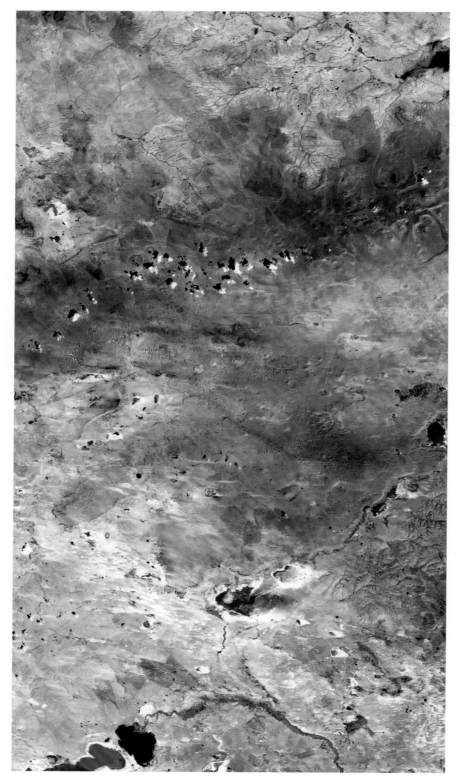

图 7-9　原图像

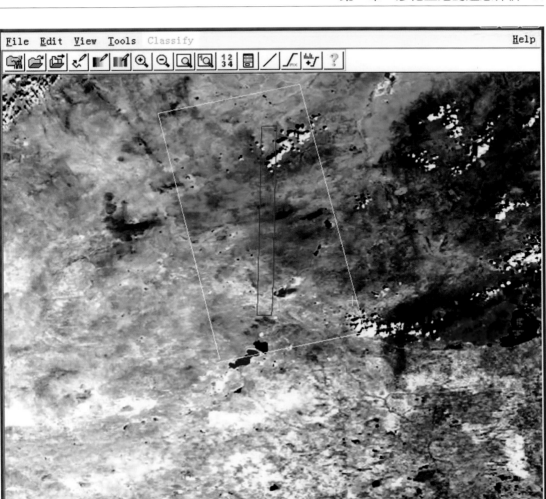

图 7–10　MODIS 图像，波段组合：2 6 1（红 绿 蓝）

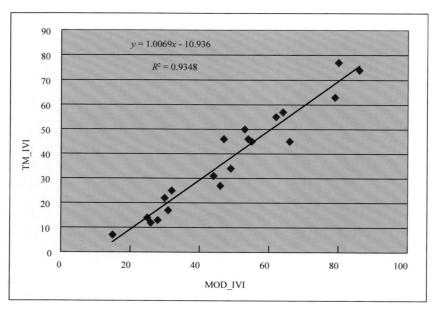

图 7-11 MODIS 综合植被指数与 TM 综合植被指数间的拟合

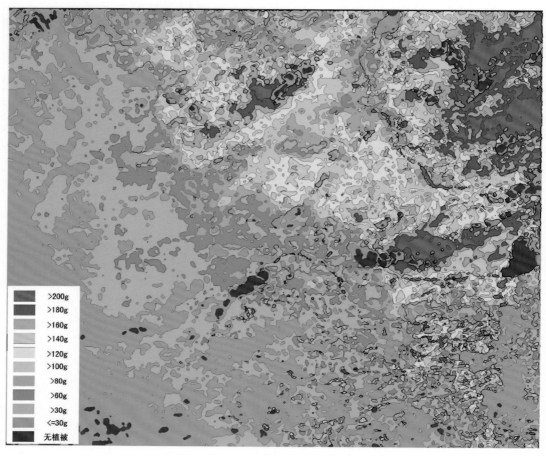

图 7-12 MODIS 数据生物量反演结果（g/m²）

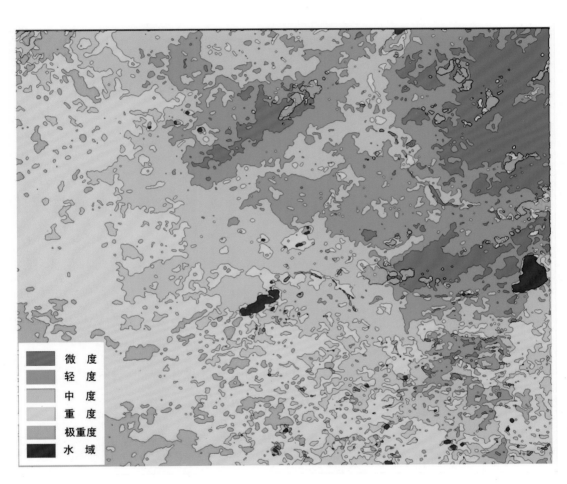

图 7-13　MODIS 数据植被盖度反演结果

第 8 章

其他应用

8.1 用 MODIS 数据进行宏观动态信息提取及生态效益评价

8.1.1 数据获取

研究中使用的 MODIS 数据由中科院遥感应用研究所提供，成像时间为 2002 年 1 月至 2003 年 9 月，共 21 个月的数据，其中做过校正处理的只有 250m 分辨率的两个波段和 500m 分辨率的五个波段，1000m 分辨率的为原始数据。由于 MODIS 原始数据的处理需要专门的软件，我们工作中使用的通用商业软件无法对 MODIS 源数据进行处理，因此研究中只能在校正过的七个波段中进行选择应用，主要进行一些方法上的探讨。七个波段的主要参数见表 8-1。

表 8-1 MODIS 数据部分波段的主要参数

通道	光谱范围（nm）	分辨率（m）
1	620 ~ 670	250
2	841 ~ 876	250
3	459 ~ 479	500
4	545 ~ 565	500
5	1230 ~ 1250	500
6	1628 ~ 1652	500
7	2105 ~ 2135	500

8.1.2　信息提取方法

根据现有数据条件，按常规的方法，用红光及近红外波段提取归一化植被指数 (NDVI)，对每年的数据逐月逐旬计算出 NDVI。由于这种短周期图像受云雾的影响比较大，而且不同植被类型生长期存在差别，无论哪个时点的图像，只用一期来反映植被状况都是不够严格、不够准确的。为了尽量减少植被生长期差异的影响和云雾的影响，利用最大值法分别对两年的 NDVI 数据逐期逐像元进行比较，提取最大值，形成两个年份的最大值图像。用两年的 NDVI 最大值图像进行彩色合成 (图 8-1)，可明显反映出植被变化信息，图中的绿色为植被指数增长的区域，品红色为植被指数降低的区域，亮白色是植被两年间生长都很好的区域，黑色区域则是少植被的区域。

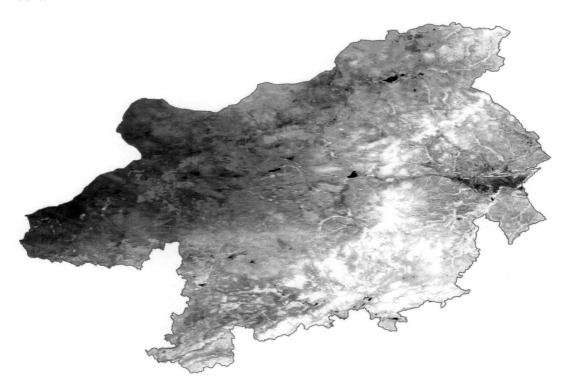

图 8-1　MODIS-NDVI 最大值的 RGB 合成图像，R（2002 年）、G（2003 年）、B（2002 年）

8.1.3　动态变化分析

动态监测主要是监测植被的变化，需要两期或多期数据。本次研究只有 2002 年和 2003 年两年的数据，因此就这两年的变化进行分析。

　　用两年的 NDVI 最大值图像数据进行相减处理来反映两年间植被发生变化的情况。新数据（2003 年的）减去老数据（2002 年的），如果相减结果为 0，表明两年内植被没发生变化；相减结果大于 0 表明植被增加，小于 0 表明植被减少，图 8-2 是植被减少情况，图中的品红色代表植被减少的区域，色调越深 NDVI 值减少得越多，在风沙源治理工作中应引起高度重视。图 8-3 是植被增加的情况，图中的绿色代表植被增长的区域，且色调越深，NDVI 增长越多。从变化图可以看出，两年间的变化比较大，但这些变化并不完全代表土地沙化的加剧和治理恢复情况，因为造成这种变化的原因很多，比如当年降雨的情况、突发自然灾害情况、人为干预情况等都会影响到植被指数的变化，而且图像质量及成像时的空气质量情况等也会造成植被指数的变化。因此，为尽量反映地面实际情况，还应该参考较高分辨率图像及地面调查情况进行综合分析。

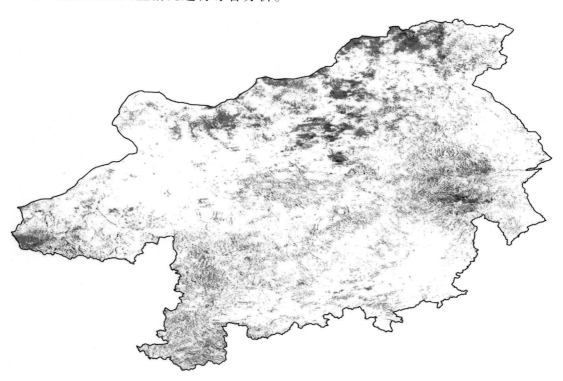

图 8-2　NDVI 减少情况（品红色为减少的区域，色彩越深减小得越多）

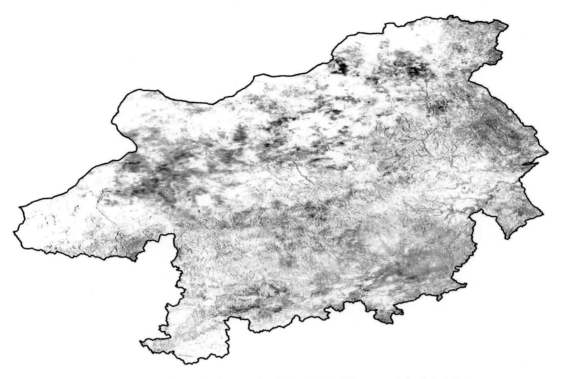

图 8-3　NDVI 增长情况（绿色区域为增长的区域，色彩越深增大得越多）

8.1.4　生态效益评价

8.1.4.1　评价指标筛选原则

（1）评价指标的选择要以遥感技术应用的可行性为主，并能够通过遥感影像上识别。

（2）评价指标的选择要考虑京津风沙源治理工程各治理区存在问题、治理措施的差异，各治理区应选择不同的评价指标。

（3）评价指标的选择要具有科学性、简便性，易于操作。

8.1.4.2　评价指标及其含义

（1）**沙化草原治理区**。该区是以牧为主的草原沙区，由于长期超载放牧，草地沙化、退化严重。治理措施以恢复草地生产力、遏制草地沙化为主。选择以下因子作为生态效益评价指标：

①草地生产力：单位面积上草地的年产草量（鲜重，kg/hm²）。

②植被盖度：所有植物枝叶在地面的投影面积占地面的百分比。

③新增林地面积：当地退耕还林、人工造林和飞播造林面积。

④新增草地面积：当地退耕还草、飞播种草和人工种草面积。

⑤草地改良面积：当地围栏封育、基本草场建设面积。

⑥沙化草地治理面积：当地沙化草地治理面积。

（2）**浑善达克沙地治理区**。该区是以牧为主、农牧结合的沙区，由于过牧、开垦、樵采，使草地退化，固定沙丘活化。治理措施以固定活化沙丘、扩大林草植被为主。选择以下因子作为效益评价指标：

①草地生产力：单位面积上草地的年产草量（鲜重，kg/hm²）。

②植被盖度：所有植物枝叶在地面的投影面积占地面的百分比。

③新增林地面积：当地退耕还林、人工造林和飞播造林面积。

④新增草地面积：当地退耕还草、飞播种草和人工种草面积。

⑤草地改良面积：当地围栏封育、基本草场建设面积。

⑥流动沙丘固定面积：当地流动沙丘固定面积。

⑦沙化草地治理面积：当地沙化草地治理面积。

（3）**农牧交错地带沙化土地治理区**。该区人口压力大，毁林毁草开荒现象和不合理的放牧非常普遍，使土地沙化严重。强烈的风蚀使地表形成沙质、砾质景观。治理措施以禁垦限牧、扩大植被为主。选择以下因子作为效益评价指标：

①草地生产力：单位面积上草地的年产草量（鲜重，kg/hm²）。

②植被盖度：所有植物枝叶在地面的投影面积占地面的百分比。

③新增林地面积：当地退耕还林、人工造林和飞播造林面积。

④新增草地面积：当地退耕还草、飞播种草和人工种草面积。

⑤草地改良面积：当地围栏封育、基本草场建设面积。

⑥沙化耕地治理面积：当地沙化耕地治理面积。

⑦沙化草地治理面积：当地沙化草地治理面积。

（4）**燕山丘陵山地水源保护区**。该区主要以山地丘陵为主，人工樵采，陡坡耕种，破坏植被，导致水土流失和土地沙化。治理措施以保护和建设丘陵山地防护林体系，提高水土保持、涵养水源功能为主。选择以下因子作为效益评价指标：

①草地生产力：单位面积上草地的年产草量（鲜重，kg/hm²）。

②植被盖度：所有植物枝叶在地面的投影面积占地面的百分比。

③新增林地面积：当地退耕还林、人工造林和飞播造林面积。

④林地保护面积：当地封禁保护的林地面积。

⑤新增草地面积：当地退耕还草、飞播种草和人工种草面积。

⑥草地改良面积：当地围栏封育、基本草场建设面积。

⑦小流域治理面积：当地小流域治理面积。

8.1.4.3 评价方法

（1）**评价标准的确定**。京津风沙源治理工程生态效益评价是对工程实施后治理区生态环境的恢复情况进行评估，由于上述评价指标并不存在公认的客观标准、社会规范标准和人为标准，本研究采取以下两种情况作为评价标准：

①以工程实施后的其中一年数据作为评价标准，其他年份的数据与之对比研究。

②以未实施工程的地区数据作为评价标准，工程实施区的数据与之对比研究。

（2）**评价指标的标准化**。由于上述评价指标具有不同的量纲，为使评价具有客观性，需要对上述评价指标进行无量纲处理，使数据标准化。

①草地生产力（PI）：

PI=草地生产力评价值/评价标准值

②植被盖度（CI）：

CI=植被盖度评价值/评价标准值

③植被高度（HI）：

HI=植被高度评价值/评价标准值

④林地面积（FI）：

FI=新增林地面积/评价标准值（标准1）

FI=新增林地面积/宜林地总面积（标准2）

⑤草地面积（GI）：

GI=新增草地面积/评价标准值（标准1）

GI=新增草地面积/原草地总面积（标准2）

⑥草地改良面积（II）：

II=草地改良面积评价值/评价标准值（标准1）

II=草地改良面积/原草地总面积（标准2）

⑦林地保护面积（PI）：

PI=林地保护面积评价值/评价标准值（标准1）

PI=林地保护面积/宜封育总面积（标准2）

⑧沙化草地治理面积（SI）：

SI=沙化草地治理面积评价值/评价标准值（标准1）

SI=沙化草地治理面积/沙化总面积（标准2）

⑨沙化耕地治理面积（AI）：

AI=沙化耕地治理面积评价值/评价标准值（标准1）

AI=沙化耕地治理面积/沙化耕地面积

⑩流动沙丘治理面积（MI）：

MI=流动沙丘治理面积评价值/评价标准值（标准1）

MI=流动沙丘治理面积/流动沙丘面积（标准2）

⑪小流域治理面积（DI）：

DI=小流域治理面积评价值/评价标准值（标准1）

DI=小流域治理面积/流域总面积（标准2）

（3）评价方法。本研究采用欧式距离数学模型作为生态效益的评价方法。其数学表达式为：

设评价指标的结果（标准化值）为 X_i（$i=1,2,3\cdots n$），则

$$D(x_i, x_0) = \left[\frac{\sum (x_i - x_0)^2}{n}\right]^{1/2}$$

式中：$D(x_i, x_0)$——欧式距离；

x_0——评价标准值；

x_i——评价指标结果；

n——评价因子数。

欧式距离评价模型实质上是把评价指标作为欧式空间的 n 维向量，而把评价标准作为欧式空间的基点，综合评价结果是用评价指标组成的 n 维向量与评价标准组成的基点之间的距离来度量。距离越大，表明生态效益越好。

对于采用评价标准1的指标，评价标准值定义为1，对于采用评价标准2的指标，评价标准值定义为0。

8.1.4.4　评价指标数据的获取

京津风沙源治理工程的总体目标是促进治理区植被盖度增加，生态状况明显改善，遏制沙化土地扩展趋势。考虑到本项目的目标是主要应用遥感技术进行生态效益评价，除草地生产力和植被盖度外，其他指标数据尚难于用遥感方法获取，因此重点选择草地生产力和植被盖度两个指标评价治理区的生态效益，这两个指标也是反映治理状况的重要指标。

（1）**草地生产力（生物量）**。该指标主要通过 MODIS 遥感数据与地面实测数据之间建立回归模型获取。关于 MODIS-NDVI 与草地生产力关系模型前人已有过研究，这些模型主要是两种类型，即线性模型（$y=ax+b$）和指数性模型（$y=ae^x+b$）。根据锡林郭勒盟的遥感和地面调查的对比分析，虽然可用线性关系去拟和，但与线性差距很大，在 0.3~0.47 之间、0.48~0.74 之间及 0.74 以上的增长速度显然差别很大。如果线性拟合的话，就抹煞了植被指数前缓（增长缓慢）后急（增长迅速）的特点。指数模型虽然反映了植被指数后期快速增长特点，但它对不同草地类型的上界没有界定，在某些数值段的拟合偏大，特别是在高数值区。在综合考虑了线性和指数性拟合方法的长处和缺陷，采取界上型拟合方法建立模型。模型的基本格式如下：

$$y=\frac{c}{1+a\ (x-b)^{\ 2}}$$

式中：x——植被指数；

　　　y——草产量；

　　　c——草地类型最大产草量；

　　　b——草地类型最大植被指数；

　　　a——常数。

根据 40 个样地连续 5 个月的地面实测和 MODIS-NDVI 数据的拟合，得到四种类型的草地估产模型如下：

①草甸草原草产量估产模型：

$$y=\frac{475}{1+71.4\ (x-0.892)^2}\qquad 其中：0.3\leqslant x\leqslant 0.892$$

②典型草原草产量估产模型：

$$y = \frac{300}{1+39.51\ (x-0.74)^2} \quad \text{其中：} 0.3 \leqslant x \leqslant 0.74$$

③沙地草原草产量估产模型：

$$y = \frac{395}{1+80.46\ (x-0.74)^2} \quad \text{其中：} 0.3 \leqslant x \leqslant 0.74$$

④荒漠草原草产量估产模型：

$$y = \frac{150}{1+460.9\ (x-0.47)^2} \quad \text{其中：} 0.3 \leqslant x \leqslant 0.47$$

（2）植被盖度。植被盖度同样通过采用 MODIS 遥感数据与地面实测数据之间建立回归模型获取。

根据我国北方典型草原 20 个地面实测数据与 MODIS-NDVI 数据建立的植被盖度模型关系如下：

$$y = 1.395x^2 - 0.343x + 0.144 \qquad ①$$

$$y = 0.711x - 0.04 \qquad ②$$

式中：y——植被盖度；

  x——NDVI。

①式为二元多项式模型，复相关系数 R 为 0.656。

②式为线性模型，相关系数为 0.64。

（3）其他指标。利用 TM 遥感数据解译或收集相关数据获取。

8.1.4.5　效益评价结果

（1）**评价区域的选取**：考虑到整个京津风沙源治理工程区范围较大，我们在每个治理类型区选取一个具有典型性和代表性的县（旗）作为效益评价单元。沙化草原治理区选择内蒙古自治区四子王旗作为评价单元，浑善达克沙地治理区选择内蒙古自治区阿鲁科尔沁旗作为评价单元，农牧交错地带沙化土地治理区选择河北省康保县作为评价单元，燕山丘陵山地水源保护区选择河北省围场县作为评价单元。

（2）**评价指标数据**：

①草地生产力（生物量）。利用环北京地区 2002 和 2003 年度全年 MODIS 数据，结合上述草地生物量估测模型，我们计算了四个评价单元每年 6、7、8、9 月四个月的草地生物量及平均值和最大值（表 8-2）。从计算结果看，与 2002 年度相

比，四个评价单元 2003 年度的草地生物量增加较多，个别评价单元增加一倍以上。这与当地实施围栏封育、禁牧舍饲等治理工程有密切关系。

②植被盖度。利用环北京地区 2002 和 2003 年度全年 MODIS 数据，结合上述植被盖度模型，我们计算了四个评价单元每年 6、7、8、9 月四个月的草地植被盖度及平均值和最大值（表 8-3）。从计算结果看，与 2002 年度相比，四个评价单元 2003 年度的草地植被盖度都有较大增长，个别评价单元增长幅度达 10 个百分点以上。这同样与当地实施围栏封育、禁牧舍饲等治理工程有密切关系。

（3）**评价结果**：从表 8-2 和表 8-3 计算结果看，与 2002 年度相比，2003 年草

表 8-2 草地生物量估算值

生物量 （kg/亩）	浑善达克沙地 治理区		沙化草原 治理区		农牧交错地带沙化 土地治理区		燕山丘陵山地 水源保护区	
	阿鲁科尔沁旗		四子王旗		康保县		围场县	
	2002 年	2003 年	2002 年	2003 年	2002 年	2003 年	2002 年	2003 年
6 月	60	65	44	68	57	81	45	71
7 月	88	145	55	58	93	206	78	192
8 月	167	205	50	59	109	348	150	201
9 月	68	71	51	65	50	71	108	28
平均值	96	121	50	63	77	176	95	123
最大值	167	205	55	68	109	348	150	201

表 8-3 草地植被盖度估算值

植被盖度 （%）	浑善达克沙地 治理区		沙化草原治理区		农牧交错地带沙化 土地治理区		燕山丘陵山地 水源保护区	
	阿鲁科尔沁旗		四子王旗		康保县		围场县	
	2002 年	2003 年	2002 年	2003 年	2002 年	2003 年	2002 年	2003 年
6 月	30	31	20	27	29	34	25	46
7 月	36	43	23	24	36	49	34	47
8 月	45	49	22	24	39	59	44	48
9 月	32	33	22	26	27	32	38	19
平均值	36	39	22	25	33	44	35	40
最大值	45	49	23	27	39	59	44	48

地生物量增加较多，个别评价单元增加一倍以上。草地植被盖度都有较大增长，个别评价单元增长幅度达 10 个百分点以上。这与当地实施围栏封育、禁牧舍饲等治理工程有密切关系，也充分证明工程效益的明显变化。

8.2 用 TM 数据进行监测区本底调查

8.2.1 TM 数据获取

工程区横跨三个六度带，需 TM 数据 38 景，我们购买了 2001 年的工程区全部 TM 数据（表 8-4）

表 8-4 京津风沙源治理工程区 TM 数据获取情况

轨道号	成象时间	轨道号	成象时间	轨道号	成象时间
121-29	2001.07.24	123-31	2001.07.06	125-32	2001.07.04
121-30	2001.07.24	123-32	2001.08.31	125-33	2001.07.04
121-31	2001.08.09	123-33	2001.07.06	126-29	2001.08.12
121-32	2001.08.09	124-28	2001.08.30	126-30	2001.07.27
122-28	2001.07.15	124-29	2001.08.30	126-31	2001.07.27
122-29	2001.07.15	124-30	2001.08.30	126-32	2001.07.27
122-30	2001.09.17	124-31	2001.07.29	126-33	1997.08.09
122-31	2001.09.17	124-32	2001.07.29	127-29	2001.08.19
122-32	2001.07.15	124-33	2001.08.30	127-30	2001.08.19
122-33	2001.07.15	125-28	2001.07.20	127-31	2001.08.19
123-28	2001.09.24	125-29	2001.07.04	128-30	2001.07.09
123-29	2001.09.24	125-30	2001.07.04	128-31	2001.09.11
123-30	2001.07.06	125-31	2001.07.04		

8.2.2 图像处理及影像图制作

图像处理及影像图制作包括以下几方面工作：

（1）图像的增强处理。

（2）几何精校正。

（3）镶嵌处理。

（4）全区影像图制作（图 8-4）。

图 8-4 工程区 TM 影像图

8.2.3 计算机分类

为选取训练区，我们组织了两次地面调查，根据图像的光谱特征及差异状况确定调查路线，涉及区域包括 22 个县，行程 5000 多 km，完成 220 个地面调查样地，根据 TM 影像图的可分性，结合地面调查资料，以及本项目关于沙化土地研究的需要，建立计算机自动分类系统见表 8-5。

其中沙化土地类型中的流动沙地（丘）、半固定沙地（丘）、固定沙地（丘）是结合前面沙化土地类型划分中的划分标准，分别为植被盖度小于 10%、10%~29%、大于（含）30% 的沙丘或沙地。

表 8 - 5　TM 图像分类系统

非沙化土地类型	针叶林
	阔叶林
	灌木林
	经济林
	草地
	水浇地
	旱地
	水域
	居民及工矿交通用地
沙化土地类型	固定沙地(丘)
	半固定沙地(丘)
	流动沙地(丘)

在本项目的工程区横跨三个六度带，TM 数据共 38 景，范围大，数据时相又有差别，在短时间内做计算机自动分类，既要考虑全区的统一，又要尽可能地使小范围的细节分类误差最小化，我们采取了全区统一分类与局部分类相结合的方式。

全区的分类采取先无监后有监的分类方法。先用最大似然法将整体数据分为若干类型，通过几次试分，分为 60 类时各类基本能分开。然后再结合地面调查建立的训练区，将这 60 类进行类型的定义和归类，最后归为 13 类。而针对南部水浇和旱地分布比较多的区域，以及居民点和水体等分类不理想的区域，又划分为小区域进行二次类型定义和归类，最后再合并成为全工程区的 TM 影像分类图(图 8-5)，各类面积统计见表 8-6 和表 8-7。其中的流动沙地与云无法分开，而阴影较重的区域又与其他地类无法归类，所以单独分为一类。

在计算机分类图上随机选取 280 点，与地面调查数据相比较，计算分类结果与地面调查数据的一致率。所选的点在工程区范围内分布均匀且包含分类的所有类型。

各类型检验像元数目及与地面调查的一致率见表 8-8。总的一致率为 64.64%。计算机分类的精度不是很高，主要有以下几方面的原因：一是计算机自动分类算法针对大面积影像分类本身具有的局限性；二是由于有 3 景 TM 数据有较多的云及阴影分布，直接影响分类；三是工程区的面积较大，要考虑整体效果在南部的

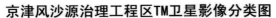

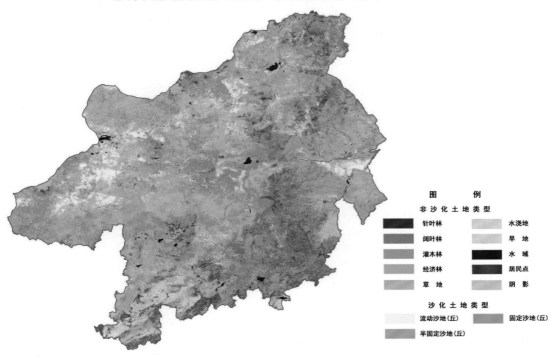

图 8-5   TM 分类图

表 8-6   非沙化土地类型统计表

类别	面积（km²）	比例	类别	面积（km²）	比例
针叶林	22139.32	4.83%	旱地	9471.45	2.07%
阔叶林	14553.64	3.18%	水域	7916.45	1.73%
灌木林	96680.54	21.09%	居民地等	3033.43	0.66%
经济林	23061.69	5.03%	阴影	22916.35	5.00%
草地	122549.04	26.74%	非沙化土地小计	340938.21	74.39%
水浇地	18616.30	4.06%	总面积	458312.36	100%

表 8-7   沙化土地类型统计表

类别	固定沙地	半固定沙地	流动沙地及云	沙化土地小计	总面积
面积（km²）	18672.18	67395.35	31306.62	117374.15	458312.36
比例	4.07%	14.71%	6.83%	25.61%	100%

表 8 - 8 TM 分类与地面调查一致率比较

类型	像元数	一致像元	一致率	类型	像元数	一致像元	一致率
针叶林	26	18	69.23%	水域	11	9	81.82
阔叶林	29	20	68.97%	居民地	6	3	50%
灌木林	39	21	53.85%	阴影	7	0	0%
经济林	20	9	45%	流动沙地	21	13	61.90
草地	60	44	73.33%	半固定沙地	15	9	60.00%
水浇地	24	20	83.33%	固定沙地	5	3	60%
旱地	17	12	70.59	总和	280	181	64.64%

林区拉伸效果有些过度，因此本该识别一致率较高的针阔叶林没能达到较好效果，而是出现了一些阴影；四是影像图的分类系统与地面调查的分类系统有一定的交叉，影响到 TM 影像图分类的主要表现在灌木林与草地上。综合考虑这些因素，我们的分类结果基本达到要求。

MODIS 植被指数发生的变化结合 TM 分类结果分析，植被减少的区域，主要是一些山区的草地、灌木林等，有些山区的旱地植被指数减小，有可能是属于退耕还林的工程区；另外东北部有些半固定沙地与流动沙地的草地有退化现象。植被指数增大区域的地类主要是沙化土地类型中的草地及山区的半灌木等，其中的固定沙地与半固定沙地中的半灌木的增长较多。植被指数增长的区域有些是属于物候条件引起的，有些则与风沙源的治理有关。

8.3 EO-1 数据评价

由于机载高光谱数据覆盖区域面积比较小，又在研究区的边缘部位，有它的局限性，原计划在中央部位进行一次新的机载高光谱数据飞行，但由于种种原因没能实现。为此，我们从美国购置一景 EO-1 高光谱数据，并进行了相应的处理分析及评价。

8.3.1 数据简介

本研究中使用的 EO_1 Hyperion 数据是由美国地球观测卫星一号搭载的高光谱传感器获取的，景号为 EO1H1250292002204110PZ_PF1_01，成像时间 2002 年 7 月 23 日，分辨率 30m，覆盖面积为 $7.68 \times 93.84 km^2$，波段范围 350~2582nm，共有

242 个波段，波段 1 至波段 242 的中心波长如下：

wavelength = {

355.59,	365.76,	375.94,	386.11,	396.29,	406.46,	416.64,	426.82,
436.99,	447.17,	457.34,	467.52,	477.69,	487.87,	498.04,	508.22,
518.39,	528.57,	538.74,	548.92,	559.09,	569.27,	579.45,	589.62,
599.80,	609.97,	620.15,	630.32,	640.50,	650.67,	660.85,	671.02,
681.20,	691.37,	701.55,	711.72,	721.90,	732.07,	742.25,	752.43,
762.60,	772.78,	782.95,	793.13,	803.30,	813.48,	823.65,	833.83,
844.00,	854.18,	864.35,	874.53,	884.70,	894.88,	905.05,	915.23,
925.41,	935.58,	945.76,	955.93,	966.11,	976.28,	986.46,	996.63,
1006.81,	1016.98,	1027.16,	1037.33,	1047.51,	1057.68,	851.92,	862.01,
872.10,	882.19,	892.28,	902.36,	912.45,	922.54,	932.64,	942.73,
952.82,	962.91,	972.99,	983.08,	993.17,	1003.30,	1013.30,	1023.40,
1033.49,	1043.59,	1053.69,	1063.79,	1073.89,	1083.99,	1094.09,	1104.19,
1114.19,	1124.28,	1134.38,	1144.48,	1154.58,	1164.68,	1174.77,	1184.87,
1194.97,	1205.07,	1215.17,	1225.17,	1235.27,	1245.36,	1255.46,	1265.56,
1275.66,	1285.76,	1295.86,	1305.96,	1316.05,	1326.05,	1336.15,	1346.25,
1356.35,	1366.45,	1376.55,	1386.65,	1396.74,	1406.84,	1416.94,	1426.94,
1437.04,	1447.14,	1457.23,	1467.33,	1477.43,	1487.53,	1497.63,	1507.73,
1517.83,	1527.92,	1537.92,	1548.02,	1558.12,	1568.22,	1578.32,	1588.42,
1598.51,	1608.61,	1618.71,	1628.81,	1638.81,	1648.90,	1659.00,	1669.10,
1679.20,	1689.30,	1699.40,	1709.50,	1719.60,	1729.70,	1739.70,	1749.79,
1759.89,	1769.99,	1780.09,	1790.19,	1800.29,	1810.38,	1820.48,	1830.58,
1840.58,	1850.68,	1860.78,	1870.87,	1880.98,	1891.07,	1901.17,	1911.27,
1921.37,	1931.47,	1941.57,	1951.57,	1961.66,	1971.76,	1981.86,	1991.96,
2002.06,	2012.15,	2022.25,	2032.35,	2042.45,	2052.45,	2062.55,	2072.65,
2082.75,	2092.84,	2102.94,	2113.04,	2123.14,	2133.24,	2143.34,	2153.34,
2163.43,	2173.53,	2183.63,	2193.73,	2203.83,	2213.93,	2224.03,	2234.12,
2244.22,	2254.22,	2264.32,	2274.42,	2284.52,	2294.61,	2304.71,	2314.81,
2324.91,	2335.01,	2345.11,	2355.21,	2365.20,	2375.30,	2385.40,	2395.50,

2405.60，2415.70，2425.80，2435.89，2445.99，2456.09，2466.09，2476.19，
2486.29，2496.39，2506.48，2516.59，2526.68，2536.78，2546.88，2556.98，
2566.98，2577.08}

8.3.2　数据评价

该数据虽然波段很多，但从应用的角度来说，并不理想。

（1）**有效波长范围不够大**。波长范围在蓝光到中红外（相当于 TM1，2，3，4，5，7）区间，缺少热红外波段。

（2）**相邻波段间相关系数大**。由于采用均匀分割的方法将有效波谱范围的连续波谱分成 242 个波段，每个波段宽度都是在 11nm 左右，特点是波段多而窄，因此相邻及相近波段的相关系数很大。通常相隔十个波段内的波段间相关系数都达到 1.00，如图 8-6。超过十个波段也高达 0.99，如图 8-7。

（3）**有很多波段属无效数据**。在购买的一景图像中，有 63 个波段是空白或根本不能用的图象，其中包括蓝光波段 7 个，近红外波段 19 个，其他 37 个属中红外波段。

（4）**多数波段图像质量较差**。除以上提及的 63 个无效波段外，其他数据中图像质量差的波段也较多，质量较差的多为红外波段（图 8-8 Ⅰ），而且波段越长质量越差。可见光波段，尤其是绿光和红光波段，图像质量最好（图 8-8 Ⅱ）。真正有价值有意义的波段不过十几个。

（5）**数据选择余地小**。由于是试验研究用传感器，获取数据时间不连续，空间上也不连续，不好挑选质量高的图像。本次研究选定的区域虽查询到多景数据，不是时相不合适，就是云量太多，挑选余地很小，最后选择的数据还是有较多的云覆盖（图 8-9）。

（6）**分辨率没有优势**。EO_1 图像的分辨率为 30m，与 TM 数据相当。虽然波段很多,但它的光谱覆盖范围却不及 TM,图像质量也要差一些,因此应用价值不大。

8.3.3　应用效果

根据前面机载高光谱数据应用成果，植被研究离不开热红外波段，而 EO-1 数据虽然波段很多，但它是在较窄的范围内进行细分割，高度相关的波段多，又缺少热红外波段，所以不适合植被研究。

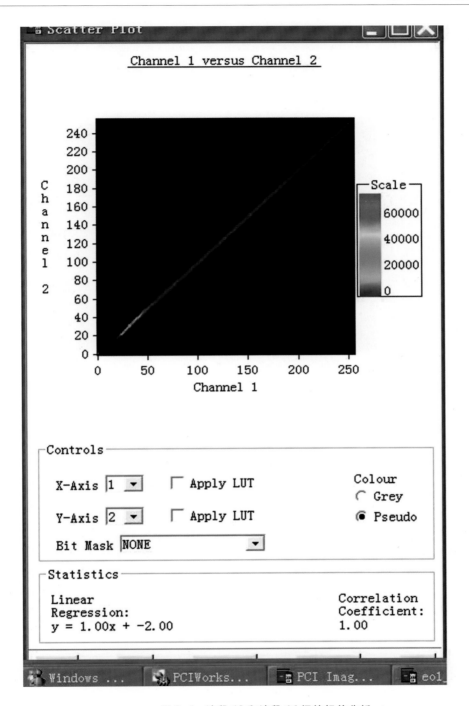

图 8-6　波段 13 和波段 16 间的相关分析

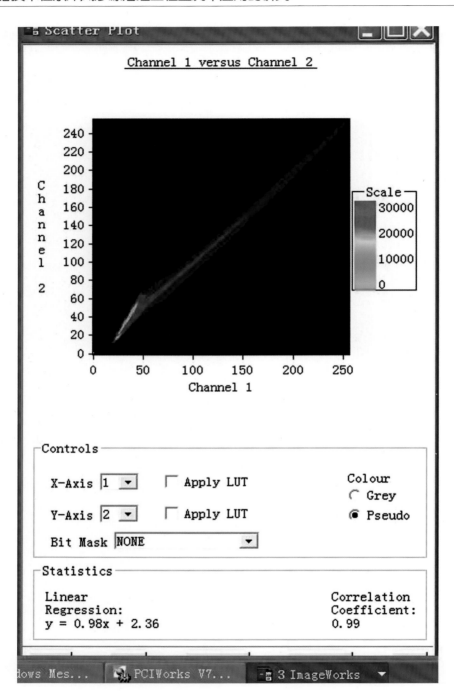

图 8-7 波段 13 和波段 25 间的相关分析

Ⅰ　band 193 图像　　　　　　　　　　Ⅱ　band 28 图像

图 8-8　EO_1 图像

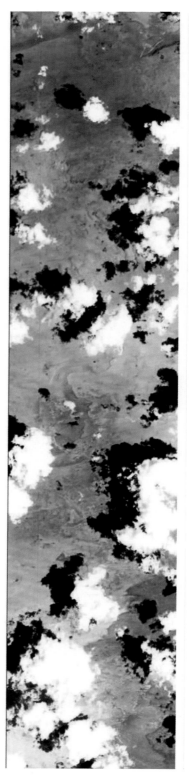

图 8-9　EO-1 假彩色合成图像，白色为云

第 9 章
机载高光谱数据与星载遥感数据结合
进行沙化土地监测和防沙治沙
工程效益评价的技术体系

本项目的研究表明，机载高光谱数据在探测植被类型、盖度、生物量等沙化土地评价因子方面与星载多光谱数据相比具有很大的优越性，结合部分地面调查，完全可以满足沙化土地监测及防沙治沙工程效益评价的需要。通过研究摸索出了一套新的信息提取方法，为整个监测技术体系的建立积累了经验，也奠定了基础。

根据以上研究成果，提出一个基于遥感技术的京津风沙源治理工程监测技术体系。这个体系应该是一个可循环的、快速的、实用的多阶抽样模式：

对整个工程区用MODIS数据进行监测，获取按旬或按月合成的全区图像，通过时间序列分析，进行连续的动态监测，提取变化信息。

对用MODIS数据检测到的敏感区域（有变化的地区），获取当年的TM数据，调查变化情况，分析变化的原因。

在TM数据覆盖范围内按不同的治理区域布设一定面积比例的飞行航线进行高光谱数据获取，用高光谱数据提取相关因子，进行初步分类。

在高光谱数据初步分析的基础上，设计调查路线，进行地面调查。

通过地面调查和测量数据分析，建立相关模型，用高光谱数据进行评价因子的定量反演。

通过匹配及相关分析，将TM数据计算结果与高光谱数据分析结果进行回归，进行不同尺度间的转换，实现更大区域的定量分析。

再通过TM数据与MODIS数据间的回归，最后实现MODIS数据基础上的定量分析，全区的一期监测评价结果生成。

　　以这一期监测结果作为本底（标准），进入下一个监测周期。每一至两年监测一次在技术上是完全可以实现的，技术体系如图9-1。

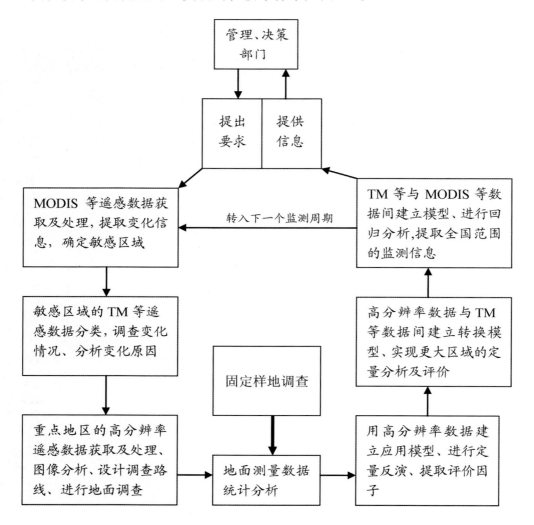

图9-1　沙化土地监测及防沙治沙工程效益评价技术体系

附表　遥感技术现地调查卡片

成像时间:2005 年 7 月 23 日

省 (市、自治区):内蒙古

市 (区、盟、州):锡盟

县 (市):　阿巴嘎

位　　置:

调查员:　　　　　　　日期　05 年 7 月 27 日

地形图图幅号:

公里座标:　横　370953　纵　4911662

经纬度:　　　E ° ′ ″ × N ° ′ ″

海　拔:　　　　1303 m

其　他:

| 1.针叶林 | 2.落叶阔叶林 | 3.常绿阔叶林 | 4.混交林 |
| 5.红树林 | 6.竹林 | 7.灌木林 | 8.无林地 | 9.非林地 |

土地覆盖类型	草地
植被种类	干旱草原
起源	天然
盖度	75%
高度	45cm
生长状况	良好
生物量	420g (鲜重)　208 (干重)
土壤类型	沙壤土
质地	
水份	7.37%

| 1.流动沙地 | 2.半固定沙地 | 3.固定沙地 | 4.沙化耕地 |
| 5.风蚀劣地 | 6.戈壁 | 7.有明显沙化趋势的土地 |

沙化土地类型:

沙化程度:

沙化因素:

治理措施:

植物种类与说明

针茅 95%

细沙葱

羊草

柴胡

防风

冷蒿

治理情况与说明

围封

遥感图象　(1:50000)　　　地面照片　编号:L1_31　方向:　W　距离: 0　m

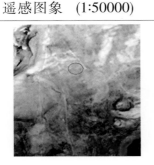

参考文献

［1］叶荣华，范文义，龙晶，等.高光谱遥感技术在荒漠化监测中应用的研究［M］.北京：中国林业出版社，2001.

［2］郭华东等.感知天地——信息获取与处理技术［M］.北京：科学出版社，2000.

［3］童庆禧.遥感发展趋势的思考［G］//郭华东.遥感新进展与发展战略.北京：中国科学技术出版社，1996.

［4］陈述彭，童庆禧，郭华东.遥感信息机理研究［M］.北京：科学出版社，1998

［5］杨继，郭友好，杨雄，等.植物生物学［M］.北京：高等教育出版社，1999.

［6］覃文汉.遥感植被双向反射光谱的理论研究与应用展望［J］.环境遥感，1992，7（04）：290~299.

［7］张良培，李德仁，童庆禧，等.鄱阳湖地区土壤、植被光谱混合模型的研究［J］.测绘学报1997，01：72~76.

［8］马蔼乃.遥感信息模型［M］.北京：北京大学出版社，1997.

［9］郑兰芬，王晋年.成像光谱遥感技术及其图像光谱信息提取的分析研究［J］.环境遥感，1992，1（01）:50~57.

［10］童庆禧，郑兰芬，王晋年，等.湿地植被成像光谱遥感研究［J］.遥感学报，1997，01：50~57.

［11］宫鹏，浦瑞良，郁彬，等.不同季相针叶树种高光谱数据识别分析［J］.遥感学报，1998，03:211~217.

［12］浦瑞良，宫鹏.森林生物化学与CASI高光谱分辨率遥感数据的相关分析［J］.遥感学报.1997，1（02）:115~123.

［13］色音巴图，贾峰.中国北方草地生物量时空分异的定位监测研究［J］.中国草地，2003，05:9~14.

［14］王正兴，刘闯，赵冰茹.AVHRR草地分类的潜力和局限:以锡林郭勒草原为例［J］.自然资源学报，2003，18（06）:704~711.

［15］吴继友，杨旭东，张福军，等，山东招远金矿区赤松针叶反射光谱红边的季节特征［J］.遥感学报 1997，1（02）:124~127.

［16］Asner G P, Heidebrecht K B. Spectral unmixing of vegetation, soil and dry carbon cover in arid regions: Comparing multispectral and hyperspectral observations. International Journal of Remote Sensing, 2002, 23（19）:3939~3958.

［17］Barnsley M J, Lucht W, Muller J P, et al. Characterizing the spatial variability of broadband albedo in a semiarid environment for MODIS validation. Remote Sensing of Environment, 2000, 74（1）：58~68.

［18］Borak J S, Strahler A.H. Feature selection and land cover classification of a MODIS-like data set for a semiarid environment. International Journal of Remote Sensing, 1999, 20 (5): 919~938.

[19] Broge N H, Leblanc E. Comparing prediction power and stability of broadband and hyperspectral vegetation indices for estimation of green leaf area index and canopy chlorophyll density. Remote Sensing of Environment, 2001, 76 (2) :156~172.

[20] Dall'Olmo G, Karnieli A. Monitoring phenological cycles of desert ecosystems using NDVI and LST dat derived from NOAA−AVHRR imagery. International Journal of Remote Sensing, 2002, 23 (19): 4055~4071.

[21] Friedl M A, Brodley C E. Decision tree classification of land cover from remotely sensed data. Remote Sensing of Environment, 1997, 61 (2) :399~409.

[22] Huete A R, Didan K., Miura T, et al. Overview of the radiometric and biophysical performance of the MODIS vegetation indices. Remote Sensing of Environment, 2002, 83 (1) :195~213

[23] McVicar T R, Bierwirth P N. Rapidly assessing the 1997 drought in Paupa New Guinea using composite AVHRR imagery. International Journal of Remote Sensing, 2001, 22(11) :2109~2128.

[24] Moleele N, Vanderpost C, Ringrose R. Assessment of vegetation indexes useful for browse (forage) prediction in semi−arid rangelands. International Journal of Remote Sensing, 2001, 22 (5): 741~756.

[25] Peters A J, Hayes M, Svoboda MD. et al. Drought monitoring with NDVI−based Standard Vegetation Index. Photogrammetric Engineering and Remote Sensing, 2002, 68 (1) :71~75.

[26] Purevdorj T, Tateishi R, Ishiyama T, et al. Relationships between percent vegetation cover and vegetation indices. International Journal of Remote Sensing 1998, 19 (18): 3519~3535.

[27] Qi J, Weltz M, Huete A R, et al. Leaf area index estimates using remotely sensed data and BRDF models in a semiarid region. Remote Sensing of Environment, 2000, 73 (1) :18~30.

[28] Reed B C, Brown J F, Vander Zee D, et al. Measuring phenological variability from satellite imagery. Journal of Vegetation Science, 1994, 5: 703~714.

[29] Roberts D A, Green R O, Adams J B. Temporal and spatial patterns in vegetation and atmospheric properties from AVIRIS. Remote Sensing of Environment, 1997, 62 (3): 223~240.

[30] Teillet P M, Staenz K, Williams D J. Effects of spectral, spatial, and radiometric characteristics on remote sensing vegetation indices of forested regions. Remote Sensing of Environment, 1997, 61 (1): 139~149.

[31] Goel N S, Reynolds N E. Bi−directional canopy reflectance and its relationship to vegetation characteristics, International Journal of Remote Sensing, 1989, 10: 107~132

[32] Rler D N H ,Dockray M, Barber J. The red edge of plant leaf reflectance. International Journal of Remote Sensing, 1983: 4 (2): 273~288.

[33] Miller J R, Wu J, Boyer M G. et al. Seasonal patterns in leaf reflectance red edge characteristics. International Journal of Remote Sensing, 1991, 12 (7): 1509~1523.

[34] Curran P J, Dungan J L, Gholz H L. Exploring the relationship between reflectance red edge and chlorophyll content in slash pine. Tree Physiology, 1990, 7: 33~48.

[35] murry R T, Wadge G. The Effects of vegetation on the ability to map soils using imaging spectrometer data. International Journal of Remote Sensing, 1995, 14: 2153~2164